果树整形修剪技术

——密植简化优质修剪技术

孟昭清　刘国杰　编著

中国农业大学出版社

总　序

我国是许多果树的原产地，而且有很悠久的果树栽培历史。早在4 000多年前就有关于梨、柿、柑橘、栗、桃、李、杏、梅、荔枝、龙眼等果树栽培的记载。公元前5世纪的《周书》中记有“秋食栌梨橘柚”。司马迁在《史记·货殖传》中记载：“蜀汉江陵千树橘，此其人与千户侯等。”湖南长沙马王堆西汉古墓中发现有桃、李种子。从湖北江陵古墓(公元前3世纪)中发现有柑橘果皮及枣、桃种子。从陕西半坡村遗址(约6 000年前)中发掘出了栗、枣化石。银杏是3亿年前古生代二迭纪遗留下来的裸子植物，在山东莒县尚存有树龄3 000年的老树。现在从沈阳到广州都有银杏栽培。猕猴桃原产于我国，系营养丰富的珍贵果品。公元前10世纪《诗经·桧风》中记载：“隰有苌楚。”苌楚即猕猴桃。1906年新西兰从我国引种猕猴桃。现在产于新西兰的猕猴桃行销全世界。该国仅此一项年收入即可达3亿美元。桃、李杏、梅原产于浙江、江苏、山东、河北。荔枝、龙眼原产于广东、福建。人们称荔枝、龙眼为果中皇后。苏东坡写道：“日啖荔枝三百粒，不辞长作岭南人。”

解放以后，特别是改革开放以来，我国的果树事业有了很大的发展。据统计，1978～1994年，我国果树的栽培面积从165万hm^2(约合2 485万亩)上升到726万hm^2(约合10 890万亩)，产量从656万t上升到3 011万t。其中，苹果种植面积由69万hm^2(约合1 034万亩)上升到269万hm^2(约合4 035万亩)，总产量从228万t上升到903万t；柑橘种植面积由15万hm^2(约合226万亩)上升到112万hm^2(约合

1 680万亩),总产量从38万t上升到656万t。

我国有广阔的山区、丘陵、沙荒地,发展果树事业的潜力很大。要想在广大的山区丘陵因地制宜地建立高标准、高质量、高科技、高效益的现代化商品生产基地,必须投入必要的资金、设备和先进的科学技术。现代化的果园经营,必须选择国内外市场需要的优良品种,实行工厂化育苗,建立排灌系统,实施水土保持、病虫害防治、配方施肥等技术措施;必须建立现代化的果品采收、选果、洗果、分级、打蜡、防腐保鲜、贮运、加工,以及商业化经营的企业组织,以提高在国内外市场的竞争力;必须组织产供销、贸工农一体化的集体生产合作社或果农协会组织,建立国内外市场信息网络,发展市场经济,扩大果品销路。

中国农业大学李光晨教授和李绍华教授主编的“面向21世纪果树生产新技术丛书”,由高等教育出版社和中国农业大学出版社出版。这套丛书推陈出新,洋洋大观,实用性强,必将为我国果树事业的发展起到一定的指导和促进作用。特此做序,以表祝贺。

章文才(签字)

1996年11月于武汉华中农业大学

目　录

1　概论 …………………………………………………… (1)
1.1　果树整形修剪的概念 ……………………………………… (2)
1.2　整形修剪的调节作用 ……………………………………… (3)
2　果树整形修剪的生物学基础 ……………………………… (11)
2.1　芽和枝 …………………………………………………… (11)
2.2　芽、枝特性与修剪 ………………………………………… (16)
2.3　结果习性 ………………………………………………… (23)
2.4　果树的年龄时期 ………………………………………… (28)
2.5　年周期 …………………………………………………… (29)
3　修剪的时期和方法 ………………………………………… (31)
3.1　果树修剪时期 …………………………………………… (31)
3.2　修剪方法及作用 ………………………………………… (33)
4　果树树体结构 ……………………………………………… (46)
4.1　果树个体结构 …………………………………………… (46)
4.2　果树群体结构 …………………………………………… (58)
5　几种矮密树形及其整形修剪 ……………………………… (61)
5.1　单层主干形 ……………………………………………… (61)
5.2　自由纺锤形 ……………………………………………… (67)
5.3　细长纺锤形 ……………………………………………… (70)
5.4　细型主干形 ……………………………………………… (73)
6　密植果树修剪技术 ………………………………………… (78)
6.1　幼树早果丰产的修剪技术 ……………………………… (78)
6.2　控冠 ……………………………………………………… (89)

6.3 密植郁蔽果园的改造 …………………………………… (102)
7 优质果品的生产与修剪 …………………………………… (110)
7.1 生产优质果品的光照条件 ……………………………… (110)
7.2 其它有利提高品质的修剪措施……………………………… (117)
8 简化修剪 ……………………………………………………… (124)
8.1 简化修剪的概念 ……………………………………………… (124)
8.2 简化的途径和应注意的问题 ……………………………… (125)
8.3 介绍几种不同树种的简化修剪方法 ……………………… (132)
9 修剪技术的制定以及其它农业技术措施的配合 ………… (142)
9.1 正确判断是制定合理修剪技术的前提 …………………… (142)
9.2 修剪技术的综合运用 ………………………………………… (143)
9.3 树体反应是检验修剪是否正确的客观标准 ……………… (144)
9.4 修剪必须与其它农业技术措施相结合 …………………… (145)

1 概论

17世纪中期以前的果树栽培是放任自然生长的，至19世纪末期，在欧洲贵族庭院，对果树进行人工强制整形，逐渐发展为庭院式观赏果树园艺。以后，随着产业革命的兴起，社会需求的增加，果树生产趋向商品化，进行大规模集中或成片栽培，吸取人工整形修剪易获得果大质优的产品特点，同时淘汰了管理费工、产量不高的人工强制的整形修剪技术，顺应果树特性，以管理容易、产量较高的自然形整形取而代之。从此，整形修剪就成为果树生产上具有特色的一项栽培技术措施，受到果树生产者和研究者的重视。

现代果树发展的重要标志之一是矮化密植。我国近20年来密植栽培已较广泛应用于生产，成为当代果树栽培的重大变革，果树整形修剪也必须作相应改革。过去稀植大冠树形的一整套整形修剪技术中，已有许多不适应，因而迫切需要新的矮化密植整形修剪技术。

中国果树栽培随着改革开放，由计划经济向市场经济转轨中，得到迅猛的发展。1997年全国果品总产量已达5 089.3万t，面积约1.3亿亩。产量名列世界第一。按目前经济条件和生产果品情况看，似乎有些相对过剩。1997年根据海关总署统计，果品进口64.04万t，出口60.16万t，进口比出口多3.88万t。而且出口只占总产的1.2%，与我国果品生产大国极不相称，关键是果品质量不高。因此，不论从增加果品出口，还是国内的需求和竞争，都迫切需要普遍提高果品质量，要从传统的重视“产量型”向重视“质量型”转化，这势必要求栽培措施、包括整形修剪技术在内，也要以生产优质果为中心进行改革。

首先，我国果树生产实行的是以家庭联产承包为主的生产制度，过去的修剪细致、复杂、费工、难学，特别不利于在广大果农中普及；其次是随着生产力的发展，劳动力成本越来越高。如何省工简化，也是当前修剪迫切需要解决的问题。因此可以说，现代果树整形修剪，已进入以矮化、优质和简化为特征的新阶段。

1.1 果树整形修剪的概念

果树整形是通过修剪，把树体建造成某种树形，也叫果树整枝。修剪不仅指剪枝或梢，还包括一些间接作用于树上的外科手术和化学药剂处理，如：拉枝、刻伤、环剥以及使用植物生长调节剂促进或抑制芽萌发和枝生长等。

广义的修剪包括整形，果树幼年阶段，修剪的主要任务是整形，成形之后还要通过修剪维持良好的树形结构。狭义的修剪与整形并列，专指枝组的培养与更新、生长与结果、衰老与复壮的调节，以期获得早果、早丰、稳产、优质、低耗和高效益。

整形与修剪的结合，称为果树整形修剪。实际上两者密切相关、互为依存，整形依靠修剪才能达到目的；而修剪只有在合理整形的基础上，才能充分发挥作用。果树整形修剪，是以生态和其它相应农业技术措施为条件，以果树生长发育规律、树种和品种的生物学特性及对各种修剪反应为依据的一项技术措施。

1.2 整形修剪的调节作用

整形修剪可以调节果树与环境的关系，合理利用光能，调节树体各局部的均衡关系及营养生长和生殖生长的矛盾，调节树体的生理活动。

1.2.1 调节树体与环境的关系 整形修剪的主要任务之一是充分合理地利用空间和光能，调节果树与温度、土壤、水分等环境因素之间的关系，使果树适应环境，环境更有利于果树的生长发育。

根据环境条件和果树的生物学特性，合理地选择树形和修剪方法，有利果树与环境的统一。在土壤瘠薄、缺少水源的山地和旱地，宜用小树冠并适当重剪控制花量；在寒冷地区，苹果、桃等采用匍匐整形，葡萄采用无主干扇形整枝，便于冬季埋土防寒；北方易受冻旱危害的地方，秋季摘心充实枝芽和冬剪前剪去未成熟部分枝梢减少蒸腾，是防冻旱的有效方法之一；在春季易遭晚霜危害的地方，苹果和梨高定干和多留腋花芽，杏树通过夏剪形成副梢果枝等，都能在某种程度上减轻晚霜对产量的影响。以上举例说明，通过适当的整形修剪，能在一定程度上克服土壤、水分、温度等不利环境条件的影响。

在调节果树与环境的关系中，最重要的是改善树冠内的光照条件、增加光合面积和光合时间。光合作用条件的好坏，直接影响到产量和品质，果农中有“果树无光不结果”的说法，是很有道理的。放任不整形修剪的主要弊病是树体结构不合理，树冠内部和下部光照条件恶化，结果部位外移，呈表面结果，产量不高，品质不好。整形和修剪可调节果树个体与群体结构，改善光照条件，使树冠内部和下部有适宜的光照，树体上下内外，呈立体结果。

增加光合面积主要是提高有效的叶面积指数。幼树阶段，由于树冠覆盖率低和叶面积指数小，不利于充分利用光能，因此，适度密植，采用轻剪，开张角度，加强夏剪，扩大树冠，迅速提高覆盖率和叶面积指数，充分利用光能，是幼树阶段整形修剪的主要任务之一。成年树则应维持适宜的叶面积指数和良好的树体结构。

光合时间是指每天和一年中光合时间的长短，通过合理的整形修剪，使树体各部分叶片在一天中有较长的时间处于适宜的光照条件下。落叶果树一年中春季形成的叶片比夏、秋季形成的光合作用时间长，所以，修剪和其它栽培措施均应有利于促进春季叶面积的增加。我们在桃树上进行“长枝修剪”试验，庆丰桃盛花后两周时，全树的叶面积是传统的“短枝修剪”树的 1.4 倍，早形成的叶片，一年中光合时间加长。

1.2.2 调节树体各部分的均衡关系　果树植株是一个整体，树体各部分和器官之间经常保持相对平衡，修剪可以打破原有的平衡，建立新的动态平衡，向着有利人们需要的方向发展。

(1)利用地上部与地下部动态平衡关系调节树体的整体生长　果树地上部与地下部存在着相互依赖、相互制约的关系，任何一方增强或削弱，都会影响另一方的强弱。地上部剪掉部分枝条，地下部比例相对增加，对地上部的枝芽生长有促进作用；若断根较多，地上部比例相对增加，对其生长有抑制作用；地上部和地下部同时修剪，虽然能相对保持平衡，但对总体生长会有抑制作用。移栽果树时切断部分根系，为保持平衡，对地上部也要截疏部分枝条。

冬季修剪是在根系和枝条中贮藏养分相对较多时进行的。对于幼树和初结果树，由于修剪减少地上部枝芽总数，缩短与根系之间的运输距离，使留下的枝芽相对得到较多的水分和养分，因而对地上部生长表现出刺激作用，新梢生长量大，长梢多。但对树整体生长则有抑制作用，因为修剪使其发芽总数、叶片数和总叶面积都减少，进而对地下部根系生长也有抑制作用。

进入盛果期的树，由于每年大量开花结果，营养生长明显转弱，短枝增多，修剪的作用不完全与幼树相同。特别是在枝量大、花芽多、树势弱的情况下，由于剪掉部分花芽和无效枝叶，避免过量结果和无效消耗，适当降低树高和缩小冠径，可改善光照条件，也改变了地上部与地下部的比例关系，缩短了根与地上部物质交换的距离，促进枝梢生长，长梢比例增加，有利加强两极交换，对养根、养干和维持树势都有积极作用。但是修剪过重，同样对树体会有抑制生长和降低产量的作用。

夏季修剪是在树体内贮藏养分较少时期进行的，修剪越重，叶面积损失越大，根系生长受抑制越重，对树整体和局部生长都会产生抑制作用。

根系适度修剪，有利树体生长，但断根较多则抑制生长。断根时期很重要，秋季地上部生长已趋于停止，并向根系转移养分，适度断根既有利根系的更新，对地上部影响也小；在地上部新梢和果实迅速生长时断根，对地上部抑制作用较大。

(2)调节营养器官和生殖器官之间的均衡　生长和结果是果树整个生命过程中的一对矛盾，生长是结果的基础，结果是生长的目的。从果树开始结果，生长和结果长期并存，两者相互制约，又可相互转化。修剪是调节营养器官和生殖器官之间均衡的重要手段，修剪过重可以促进营养生长，降低产量；过轻有利结果而不利于营养生长。合理的修剪方法，既应有利营养生长，同时也有利生殖生长。在果树的生命周期和年周期中，首先要保证适度的营养生长，在此基础上促进花芽形成、开花坐果和果实发育。

幼树以营养生长为主，在一定营养生长的基础上，适时转入结果是这一时期的主要矛盾。因此，对幼树实施的综合管理措施应当有利于促进营养生长，适时停长，壮而不旺。整形修剪可以通过开张角度、采用夏剪、促进分枝、抑制过旺新梢生长等措施，创造有利于向结果方面实施转化的条件。为做到整形和结果两不误，可利用枝条在树冠内的相对独立性，使一部分枝条（骨干枝）负担扩大树冠的任务；另一部分枝条（辅养枝）转化为结果部位。密植果园能否适时以生殖生长控制营养生长，是控制树冠扩大过快的积极措施，如果营养生长得不到有效控制，未丰产先封行，密植等于失败。当然，过早结果，过分抑制营养生长和树冠扩大，不能充分利用空间和光能，也不利丰产。

盛果期花量大、结果多，树势衰弱和大小年结果是主要矛盾。通过修剪和疏花疏果等综合配套措施，可以有效地调节营养生长和生殖生长的矛盾，克服大小年结果，达到果树年年丰产，又保持适度的营养生长，维持优质丰产的树势。

（3）调节器官间均衡　一株果树上同类器官之间也存在着矛盾。骨干枝之间会有强弱之分；一株树会有上强下弱或下强上弱之分；同一骨干枝可能出现先端强后部弱或后部强先端弱等情况。修剪能调节各部分的均衡关系，如对强势部位适当重剪，疏除部分壮枝，开张角度，多留花果，必要时进行环剥或环切处理;弱势部位则反之,这样可逐步调至均衡。树冠内各类营养枝之间的比例也应相对保持平衡。长枝对树整体营养有重要调节作用,短枝则对局部营养有较大的调节作用。长枝数量多比例大,有利营养生长;而短枝数量多比例大,有利生殖生长,两者之间也存在着平衡和竞争。长枝多时以疏、放修剪为主,以利增加短枝数量;短枝多时多用短截和缩剪,以利增加长枝数量。果枝与果枝、花果与花果之间也存在着养分竞争,果农中有"满树花半数果,半数花满树果"的说法,表明花量过大坐果率并不高,通过修剪和疏花疏果,可以选优去劣,去密留稀,集中养分,保证剪留的果枝、花芽结果良好。

1.2.3 调节生理活动　修剪有多方面的调节作用,但最根本的是调节果树的生理活动,使树体内的营养、水分、酶和植物激素等发生变化,有利果树的生长和结果。

(1)调节树体的营养和水分状况　许多试验表明,冬季修剪能明显改变树体水分、养分状况。根据日本对长十郎梨和中国对国光苹果不同修剪程度的试验结果可以看出,短截修剪比不修剪、重短截比轻短截,新梢中含水量和全氮含量都有增高,淀粉和全碳水化合物含量则减少,说明重剪可以活跃机能,对新梢生长有促进作用。但从全氮的年变化看,表现新梢生长前期高,后期反而有减少的趋势(周克昌等,1964)。不同修剪方法对其内部营养物质影响也不同,浅见等(1942),在4年生长十郎梨上试验结果表明,短截后可提高初生新梢全氮含量,降低全碳水化合物含量,而疏剪初生新梢全氮含量高于不修剪,低于短截修剪,但提高了全碳水化合物含量。Hooker(1924)对5年生红玉苹果的修剪效应进行研究,结果表明短截后枝梢上下部水分、氮素分布呈梯度增加,并多于疏剪。上述结果表明短截能增强同一枝上顶端优势，促进新梢生长，而疏剪则有利于促进花芽形成和结果。

吴光林(1965)观察今村秋梨不同修剪处理中各类枝条木质部的淀粉粒含量，结果以轻剪疏删最多，重剪短截者明显减少。

束怀瑞等(1980)研究开张角度与光合产物分配的关系，结果表明直立枝光合产物的自留量小，外运到枝干和根中的量大；水平枝自留量相对加大，外运减少。说明枝条开张角度可影响光合产物的分配。

生长季摘心可提高植株新梢生理活性，增加养分积累。如大井上(1925)对白玫瑰香葡萄进行摘心研究，发现摘心 2 天后新梢内糖分、淀粉和氮素都增加，5 天达到高峰，15 天后回复原状。

李天红等(1992)研究环剥对红富士苹果花芽分化的影响，测定了短枝叶片中氮素、总碳水化合物含量和 C/N 比。结果表明环剥 10 天后(5 月 30 日)，氮素含量低于对照，并一直持续到 7 月上旬，而总碳水化合物则始终高于对照，C/N 比自然也高于对照，因此，环剥有利促进花芽分化。许明宪(1980，1983)的研究表明，除上述变化相同外，环剥和环割还有降低新梢含水量和根系含氮量的作用。

(2)调节果树的代谢作用 酶在代谢中十分活跃，修剪对酶的活性有明显影响。周克昌等(1964)报道，地上部修剪促进苹果叶片中过氧化氢酶的活性，生长初期表现特别强烈，生长后期作用减弱，而对根系则多数起抑制作用。

许明宪(1983)测定环割前后苹果抗坏血酸氧化酶和过氧化氢酶的活性变化，结果表明环割后 1 个月左右，两种酶的活性都显著高于对照，此时正处于苹果花芽生理分化期。这两种氧化酶广泛存在于植物体内，都在呼吸代谢中起一定作用。而抗坏血酸氧化酶的增加，则会使抗坏血酸氧化，从而削弱新梢生长势，有利成花。

Туроуев(1963)研究苹果修剪与物质代谢的关系后指出：重短截的植株叶绿素含量较多，但到生长末期其差别消失。植株光合作用的强度、蒸腾强度和呼吸强度，也以修剪处理表现较强烈，在7月枝梢生长特别旺盛时最高，生长末期下降，其变化较对照缓和。随着叶片的衰老，多酚氧化酶活性提高，表现对照植株中多酚氧化酶比修剪的多，因此，其叶片衰老快，植株停止生长早。周克昌等(1964)研究苹果修剪对叶绿素含量的影响，结果也表明：重剪树生长初期含量高，中期以后则中度修剪的最高。

(3)调节内源激素　内源激素对植物生长发育、养分运输和分配起调节作用。不同器官合成的主要内源激素不同，通过修剪改变不同器官的数量、活力及其比例关系，从而对各种内源激素发生的数量及其平衡关系起到调节作用。

根据 Grochoweka 等(1984)在苹果幼树上做的试验证明：经过冬季短截的树，其骨干枝及一年生枝梢中的细胞分裂素、生长素和赤霉素含量均高于未修剪树，使修剪树新梢生长旺，叶面积大。在5～7月，修剪树的细胞分裂素逐渐下降，而未修剪树在持续上升后才下降；生长素和赤霉素含量均较低；未修剪树成花率明显高于修剪树。

夏季摘心去掉了合成生长素和赤霉素多的茎尖和幼叶，使生长素和赤霉素含量减少，相对增加细胞分裂素含量，因而促进侧芽萌发，有利于提高坐果率。葡萄花前或花期摘心，在短期内控制了结果新梢生长的同时，使花序中的小花内的细胞分裂素含量升高。若生长早期摘心，树体内细胞分裂素水平高，成熟叶片少，抑制物质含量低，摘心后反应较强；生长后期摘心，树体内细胞分裂素下降，成熟叶片多，抑制物质含量增多，则不利副梢萌发。夏季对发育枝反复短截后 20～60 h 内使乙烯出现高峰，这个效应可能与促进成花有关。

环剥与环切可明显控制生长而促进花芽分化。环剥与环切可阻滞生长素向基部运输，乙烯增多，脱落酸积累。无核白葡萄环剥后 3 天，环剥口上下的叶片发生乙烯量均高于对照，同时促进脱落酸的积累。罗正荣等(1983)对红星和金冠苹果环割后，发现茎尖内生长素和赤霉素含量均下降，但红星芽内赤霉素含量明显高于金冠，后期生长素含量下降也少于金冠，这可能是红星成花难于金冠的原因之一。

将枝条拉平或弯曲时，枝条内乙烯含量增加，而且出现分布梯度，近先端处高，基部低，背下高而背上低。所以生长缓慢，向下的芽不易萌发，而背上易出现旺条。用 ^{14}C 标记的细胞分裂素处理，结果在弯枝上部转折处的芽内有细胞分裂素的积累，因而有利该芽抽梢。

修剪不仅在生理上有调节作用，在解剖学上也有影响，如短截使导管数和导管直径增加；曲枝使新梢皮层与木质部比例升高等。

关于果树修剪生理方面的许多问题，目前研究还较少，随着科学研究的深入，将为进一步改进整形和修剪技术提供科学依据。

2 果树整形修剪的生物学基础

果树的生物学特性是整形修剪的重要依据之一。一个优秀的修剪技术能手，必须了解果树的生长发育特点，包括果树不同年龄时期和年周期的生长结果特点。整形修剪更直接的是与枝、芽有关，因此，了解枝、芽生长特性、结果习性，更是整形修剪必备的基础知识。

2.1 芽和枝

2.1.1 芽的种类　芽是由枝、叶、花的原始体和生长点、过渡叶、苞片、鳞片构成的。依芽的性质可分为叶芽和花芽。只含叶原基的为叶芽，萌发后形成新梢。含有花原基的为花芽，花芽萌发后开花结果。花芽又有纯花芽和混合芽之分，只含有花原基的为纯花芽，萌发后只开花结果，不长枝、叶；花芽中同时含有花和叶原基的，称为混合(花)芽，苹果、梨、柿、葡萄、板栗等都属于混合(花)芽。

依着生位置可将芽分为顶芽和侧芽。顶芽着生在新梢的顶端，萌发早、生长好。有些树种如柿、山楂等，顶芽有自枯现象，由其下腋芽代替，成为假顶芽。侧芽着生在新梢侧方的叶腋间，所以又称腋芽。在一个叶腋内有时可着生几个芽，位于中央而最充实的芽为主芽，生长在主芽两侧或下方的芽叫副芽。桃、杏的副芽在主芽两侧。核桃的副芽在主芽的下方。苹果和梨的副芽隐藏在主芽基部芽鳞内，但一般都不萌发，转化为潜伏芽，但在特殊条件下也可萌发。如给正在迅速生长的苹果新梢侧芽涂抹发枝素，有时可萌发一长两短的新梢，有时在主芽受伤害后，副芽也可萌发。

枝条的一个节上仅主芽发达而副芽微小不易看到时，外观上只呈现一个芽的叫单芽。苹果、梨等侧芽为单芽。一个节上除主芽外，副芽发育与主芽大小相似的为复芽（图1）。桃上的较壮的发育枝和果枝则多复芽，从道理上讲，桃上一节三个芽都可萌发成梢。但实际上仍然是中间主芽发出新梢最壮，两侧较弱。枣和葡萄比较特殊，枣除主芽外能有多个副芽，在枣头（发育枝）上副芽可萌发成二次枝，在枣股（结果母枝）上可萌发多个枣吊（结果枝）。葡萄的每个叶腋中有夏芽和冬芽之分，夏芽在当年萌发成副梢，而冬芽当年多不萌发，冬芽是一个主芽和数个副芽（又称预备芽）组成，所以，在葡萄上又称芽眼。当主芽受伤后副芽可萌发，在有些品种上，即使主芽未受伤，副芽也可萌发。

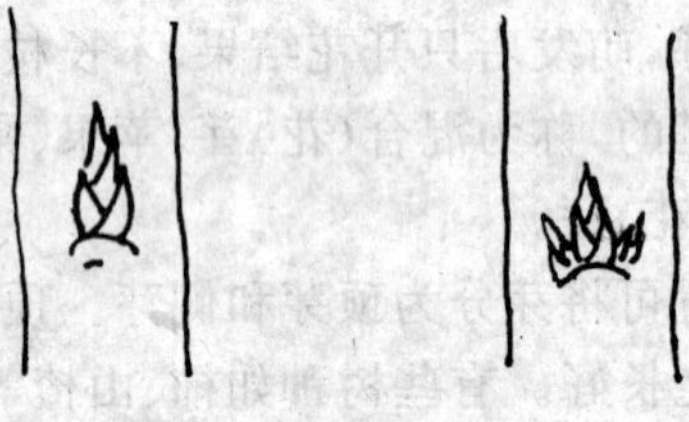

图1　单芽和复芽

左为单芽；右为复芽

一年生枝上的芽多数在次年萌发，还有一部分芽不萌发处于休眠状态，这种芽称为潜伏芽或隐芽，当其受到某种条件刺激时才能萌发。

上述这些芽发生都有一定的位置，统称为定芽，而由根或枝干上愈伤组织上发育成的芽称为不定芽。

2.1.2 枝 芽萌发后长出的带叶新枝直到落叶前称为新梢。新梢基部由于芽鳞片脱落而留下的环痕，称为芽鳞痕，修剪上可根据芽鳞痕来区分年段，判断枝龄或幼树年龄。新梢落叶后为一年生枝，一年生枝上的芽次年又抽生新梢，原来的一年生枝就转化为二年生枝，以下依此类推为三年生、四年生乃至多年生枝。新梢叶腋当年又萌发出的分枝称为二次枝或一次副梢；二次枝当年又萌发出的分枝称为三次枝或二次副梢。生长旺盛的桃和葡萄等很容易发生这种现象。苹果新梢在6～7月常有停滞或停长阶段，而后再继续生长，使新梢明显地分为两段，下端称为春梢，上端称为秋梢。有时有二次停滞或停长阶段，新梢则又可分为春、夏、秋梢三段。在梢段交接处往往形成无芽或弱芽节段，称为盲节。

果树一年生枝可分为营养枝和结果枝两类。凡未着生花芽的枝为营养枝，根据其生长情况又可将其分为发育枝或普通营养枝、徒长枝和叶丛枝。发育枝营养充实、芽体饱满，是形成骨干枝、扩大树冠和发生结果枝的主要枝条。徒长枝通常是由多年生枝上的潜伏芽发育而成，其节间长、芽体小、枝条不充实，正常情况下多及早疏除，但在树体衰老更新时也可利用。叶丛枝生长量很小，节间很短，叶片呈丛状生长。苹果和梨的叶丛枝在营养条件良好时，很容易转化为结果枝。

凡是着生花芽的枝为结果枝，但由于花芽种类不同，称谓也有所不同，像桃、杏等核果类果树为纯花芽，果实直接着生在一年生枝上，将其一年生枝称为结果枝是理所当然的。而混合芽虽也直接着生在一年生枝上，但其花和果却着生在其上发出一段的新梢上，结果新梢才是结果枝，而着生混合芽的枝则称为结果母枝。如柿、核桃、板栗、葡萄等。苹果和梨也属于此类，但由于习惯称谓缘故，苹果、梨上就将结果母枝也称为结果枝。关于果枝的分类，因树种而有所不同，与结果习性关系密切，将在以后部分介绍。

2.1.3 新梢的生长　果树每年抽生新梢，新梢的生长，是果树营养生长中的一个起主导作用的环节，使树冠不断扩大，长出叶片形成叶幕。修剪要了解新梢生长的特点，对新梢生长和不同梢类的形成和分布也有重要的调节作用。枝的生长包括枝的加长生长和加粗生长两个方面。新梢生长一般分为三个时期：首先是开始生长期，是从萌芽开始，幼叶伸出芽外，随之节间伸长而幼叶分离，此时生长缓慢，节间短，叶小而嫩，含水分多，光合作用弱，主要依靠上年积累的贮藏养分进行生长；第二是新梢旺盛生长期，此时新梢迅速伸长，节间变长，幼叶迅速分离，叶片增多，叶面积增大，光合作用增强，由利用树体贮藏养分逐步转向利用当年叶片制造的养分；第三是缓慢生长期和停止生长期，新梢生长缓慢，节间变短，直至停长形成顶芽。

不同树种新梢生长动态有很大差异，同一树种也因品种、树龄、环境、负载量、不同梢类及包括修剪在内的栽培环境措施等诸多因素的影响。苹果、梨只沿枝轴方向延伸，一年延伸生长1～2次。第一次生长为春梢，二次生长为秋梢，很少发生分枝。在正常管理条件下，苹果应保证春梢生长，秋梢生长宜小或不发生秋梢生长为宜。葡萄在整个生长季始终不停地向前生长，尽管中间生长节奏会有波动。随着新梢迅速生长，副梢也随之增多，生长加快，直至秋季生长减缓最后停止生长。由于新梢迅速生长和开花坐果、果实生长会发生养分的竞争，生产上或通过人工摘心除副梢、或喷生长延缓物质，缓解生长与结果的矛盾。桃树也是营养生长强旺的树种，初春时长势缓和，花期一过，发育枝即急剧伸长，并开始大量发生副梢，如果是幼旺树，一年内有 2～3 个生长高峰，在北京，其生长能持续到 8 月，为了枝条充实和有利越冬，有时不得不在 8 月采取人工多次重摘心。

新梢生长强度也随树龄增长而不同，幼龄树新梢持续生长时间长，成龄树新梢生长变弱，持续时间也短。即使像桃这样生长强旺的树种，到盛果期，其发育枝常常也不能发生副梢。

不同梢类其生长期长短有很大不同。长梢生长时间长，而短梢包括苹果、梨、桃在内，都在萌芽后 30 天左右停长。

修剪尤其冬季短截修剪，能明显刺激剪口下枝芽的新梢生长，使新梢生长期加长。一般短截越重，刺激作用越强；反之，轻短截或不短截，则能明显缓和新梢的生长势，更有利中、短梢的形成。

枝条的加粗是形成层细胞分裂、分化和增大的结果。果树解除休眠是从根颈开始，再逐渐上移，但细胞的分裂活动却首先在生长点开始，由它产生的生长素下运，才能刺激形成层细胞的分裂。所以，加粗生长略晚于加长生长，但加粗生长停长也晚于加长生长。如苹果、梨等果树的加粗生长的停滞期比加长生长晚半个月左右。新梢加粗生长是由新梢生长长度和叶片数量决定的，新梢生长量大，叶片多数面积大，新梢增粗也大；而中、短梢生长量小，叶片少，则增粗也小。

多年生枝，只有加粗生长而无加长生长，对多数果树来说，多年生枝干的加粗生长开始期比新梢的加长生长晚1个月左右，停止期可晚2～3个月。

在果树的年生长周期中，枝条的长度和粗度所增加的数量称为生长量，粗度和长度的总量增加多的为生长量大；反之为小。生长势是指一年生枝生长的长短和粗度的综合，生长越长、粗度增加越多的生长势越强；生长越短、粗度增加越小，生长势越弱。对一年生枝而言，生长量和生长势表现是一致的，即生长量大的生长势也强，生长量小的生长势也弱。而对多年生枝，两者有时是一致的，有时又不一致。如在多年生枝上的一年生枝数量多且生长势又强时，则多年生枝的生长量也会随之增大，一年生枝数量少且生长势弱时，则多年生枝生长量也小；相反，多年生枝上的1年生枝量很少，即使其生长势较强，而多年生枝生长量及粗度增加也不会太大；多年生枝上的一年生枝数量多时，即使每个一年生枝长势不那么强，而多年生枝仍会有较大的生长量。

了解生长量与生长势的相互关系，对果树整形修剪具有重要的实践意义，尤其是对多年生枝粗度的控制。为维持多年生枝生长优势，就要使其上一年生枝既多且生长量又大；反之，要削弱多年生枝生长势，必须减少一年生长枝的数量，即使个别一年生枝生长量大些也无妨，或者一年生枝数量稍多点，但每个枝生长量很小，多年生枝生长势也不会强。

2.2 芽、枝特性与修剪

2.2.1 芽的异质性　一年生不同部位的芽体形成期，其营养状况、激素供应及外界环境条件不同，造成了它们在质量上、具体表现在芽体饱满程度的不同，因而各个芽具有不同的生长潜势，称之为芽的异质性(图 2)。枝条能及时停长，顶芽质量最好。秋梢上顶芽形成时间晚，有机营养累积时间短，芽多不饱满，甚至顶芽尚未形成，由于低温来临迫使枝条停长。腋芽质量主要取决于该节叶片的大小和提供养分的能力。能及时停长的枝条，基部和先端叶片小，因而枝下部和先端腋芽质量较差，中部叶片大其腋芽饱满充实(图 2 A)。如发生二次生长，其秋梢上下部腋芽同样质量差，中段虽然叶片大，由于光合时间短，芽体虽较大，但不如春梢中段充实(图 2 B)。

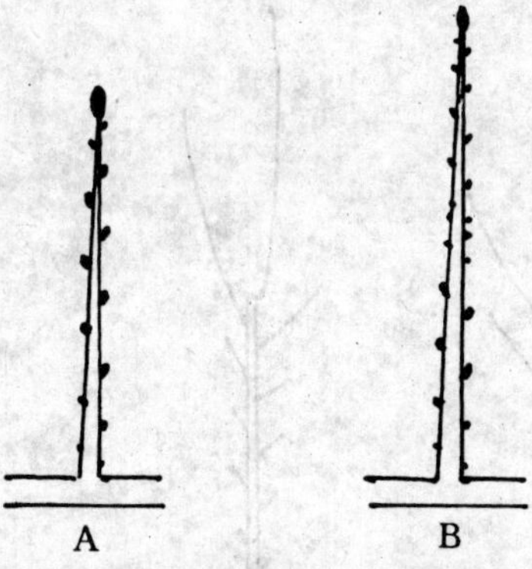

图 2　芽的异质性

A. 及时停长春梢枝；B. 具有春、秋梢枝

(枝两侧黑点大小代表芽的质量)

及时停长枝条长放不剪，顶芽生长优势最为显著，其下腋芽萌发生长受到削弱，发枝角度大。对于腋芽，修剪上依据“好芽长好条”的原理，可调节剪口下芽的生长势，需要保持

顶端优势和萌发壮枝时，一定要在饱满芽处短截；需要削弱时应在弱芽处短截，如在春、秋梢交接处、枝条基部弱芽处短截。

夏季修剪中的适时摘心或短截，能使新梢剪口下数芽变得充实，拿枝、开张角度和喷布植物生长延缓剂，能使新梢生长受到削弱，有利腋芽养分积累，也能使腋芽充实饱满。

2.2.2 萌芽力和成枝力 萌芽力是指一年生枝上芽的萌发能力，萌芽数多为萌芽力强，少为弱。萌芽力以萌发的芽数占总芽数的百分率表示。一年生枝上芽萌发后抽生长枝的能力为成枝力。抽生长枝多的为成枝力强，少的为弱，一般以具体成枝数或以长枝占芽数的百分率表示(图 3)。

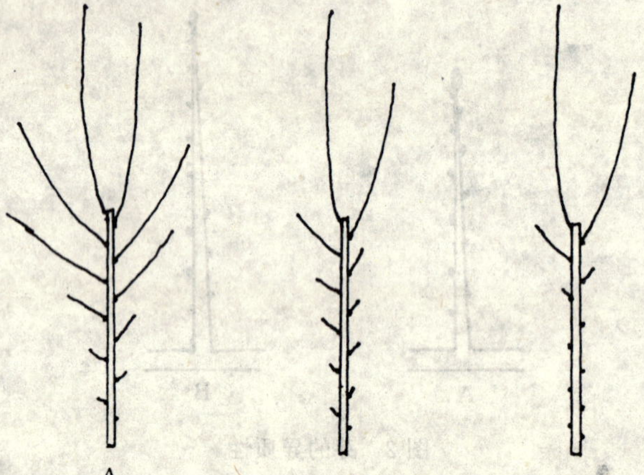

图 3 萌芽力和成枝力

A. 萌芽力和成枝力都强；B. 萌芽力强，成枝力弱；C. 萌芽力和成枝力都弱

萌芽力和成枝力随树种、品种、年龄与环境条件不同而

不同。桃树萌芽力和成枝力都很强，萌芽力几乎100%。苹果和梨不如桃。同一树种不同品种间也有差别，梨多数品种萌芽力强，成枝力弱。苹果中红富士的萌芽力和成枝力都较强，而短枝型品种是萌芽力强，成枝力弱。萌芽力和成枝力还随着树龄的变化而变化，幼树一般萌芽力较弱，成枝力强，但随着树龄的增长，萌芽力增强，成枝力减弱。萌芽力和成枝力也受栽培条件的影响。土壤瘠薄，肥水不足，成枝力会减弱；加强肥水管理则成枝力会增强。修剪对其影响很大，能有较强的调节作用，这在以后修剪方法中详述。

萌芽力、成枝力都强的，抽枝多，整形中选枝容易，但树冠易郁蔽，修剪应以疏剪为主。萌芽力强，成枝力弱，一般容易早结果，整形期间修剪中应适当注意短截，以提高成枝力。萌芽力弱的则要通过刻芽、开张角度等措施提高其萌芽力。

2.2.3 芽的早熟性与晚熟性 当年生长的新梢的侧芽当年能萌发出二次枝，二次枝上能萌发三次枝，甚至三次枝上还能萌发四次枝。如以副梢相称，二、三、四次枝则称为一、二、三次副梢。这种当年新梢侧芽当年萌发的特性，称为芽的早熟性。桃、葡萄、枣、柑橘等是具有早熟性芽的树种，其新梢生长特点是一年能多次增加分枝，有利加速整形，扩大树冠，增加枝量和早结果，但树冠易郁蔽，多需要加强夏季修剪。随着树龄增大和生长量减弱，发生副梢能力会减弱甚至不发生。当年生长新梢的侧芽当年不萌发，要到次年春天才萌发抽枝的，称之为芽的晚熟性，如苹果、梨的多数品种，其幼树年生长量和分枝数则远低于具有早熟性芽的树种。但新梢生长过旺或通过适时摘心、涂抹发枝素等，也能促进新梢侧芽当年萌发，同样有利加速整形、增加枝量和早结果。

2.2.4　芽的潜伏力　潜伏芽不仅次年不萌发，甚至若干年内也不萌发，以后受到刺激还能再萌发。保持再萌发的年限越长，即芽的潜伏力强；年限短则潜伏力弱。潜伏芽多，潜伏力强，越容易在老枝上更新。一般桃树潜伏芽少且潜伏力弱，在10年或更长年龄枝上更新很难。梨、苹果、杏等树种，潜伏芽多且潜伏力强，在高龄枝上更新容易。当然，同一树种不同品种间也有差异，如苹果中，国光苹果的潜伏芽多，潜伏力也强；而金冠苹果则潜伏芽相对较少，潜伏力也较弱，进入衰老期，后者不如前者易于更新复壮。

2.2.5　顶端优势　是活跃的顶端分生组织、生长点或枝条对下部的腋芽或侧枝生长的抑制现象，包括对侧枝角度的控制。具体表现在同一枝条上，即使芽的饱满程度相同，处于顶端和上部的芽，萌发和抽枝能力强于下部，顶端的芽抽枝最长，向下依次减弱，直至下部的芽处于休眠状态，不能萌发，且枝条离顶端越远，基角越大。从枝条着生状态看，直立枝顶端优势最强，随着枝条着生角度增大，顶端优势减弱，枝条先端弯曲下垂时，优势发生转移，处于弯曲顶部处发枝最强（图4）。在同一株树或局部多年生枝上，凡处于直立状态、比其它枝都高的枝，其顶端优势也明显，表现生长势强。

造成顶端优势的原因是：顶端活跃的生长点产生的生长素向下运输，使生长素浓度从顶端向下逐渐增高，致使下部的腋芽和侧枝生长受到抑制。同时，根系中产生的细胞分裂素也向顶端生长活跃部分集中。

通常木本果树都有较强的顶端优势，以保证树体向上生长。但不同树种顶端优势强弱仍有差异。北方大量栽培的果树中，梨树最强，在短截条件下，剪口2芽枝的生长势要弱于

顶端1芽枝，很难发展成为竞争枝。苹果的顶端优势不如梨，具体表现是剪口下2芽枝常发育成竞争枝，即生长势和1芽

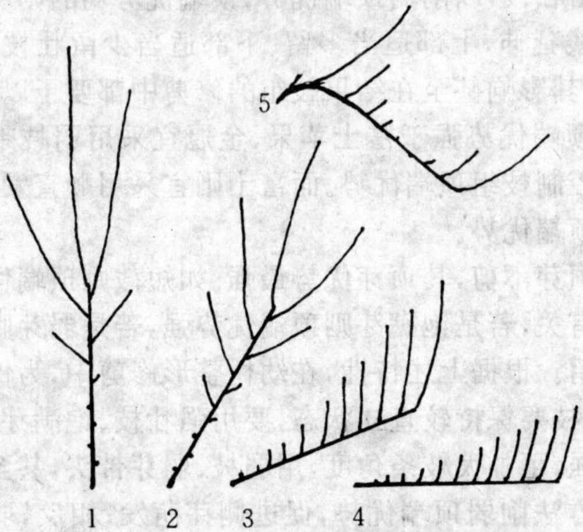

图4　枝条着生角度与顶端优势

1. 直立枝顶端优势强；2. 斜生枝次之；3. 近水平的枝再次之；4. 水平枝弱；5. 下垂枝优势转移

枝相近。核果类果树中，甜樱桃顶端优势较强，李次之，桃则较弱。同一树种中，不同品种也有差异，如目前生产中栽培较多的苹果品种中，金冠顶端优势强于富士，而富士又强于乔纳金。树龄不同，顶端优势强弱也不一样。幼龄树和旺树的顶端优势，强于老树和弱树。

了解顶端优势强弱的特性及其影响因子，就可以通过修剪或增强、或维持、或削弱顶端优势，使之有利于整形和调节树冠各部分之间的均衡。一般讲，顶端优势强的树，容易发生上强下弱或先端强后部弱的现象；顶端优势弱的容易发生上

弱下强或先端弱后部强的现象。修剪上就要采取措施进行调节，顶端优势强的，中心干可采取弯曲延伸，上部适当少留、下部适当多留壮枝，以削弱顶端优势；顶端优势弱的则尽量保证直立或直线延伸，上部适当多留、下部适当少留壮枝，以增强顶端优势。其影响甚至在结果枝组的修剪中都要予以考虑。如金冠苹果顶端优势强于富士苹果，金冠宜采用弱枝带头和拐弯缩剪等控制枝组顶端优势。而富士则宜采用顺直发展、少拐弯等维持顶端优势。

保留顶芽不剪，其顶芽优势最强。如短截则顶端优势与剪口芽质量有关，若是饱满芽则顶端优势强，若是弱芽则有一定的削弱作用。根据上述特性，在幼树整形修剪中，为保持顶端优势，骨干枝要保持较直立状态，要用强壮枝、饱满芽带头；顶端优势过强，可加大枝条角度，用弱枝、弱芽带头，甚至可用延迟修剪的方法削弱顶端优势，促进侧芽萌发；相反，弱树则采用壮枝壮芽、上枝上芽当头，增强顶端优势以恢复树势。

2.2.6　干性　是指中心干的强弱和维持时间长短的能力，一般顶端优势强的果树，中心干强而持久。梨、苹果和甜樱桃中的大部分品种干性强，适宜建造有中心干的树形；桃、柑橘的干性弱，适宜建造无中心干或开心形的树形。干性强弱可通过整形修剪加以调节，干性强的基部多留大分枝，上部少留或不留大分枝，可适当削弱；干性弱，基部少留大分枝，则能增强干性。依此，桃在密植条件下也可采用有中心干的纺锤形；苹果和梨为提高品质也可采用开心形。说明整形修剪具有较强的调节作用。

2.2.7　层性　由于顶端优势和芽的异质性共同作用，强枝多集中在枝条上部，年复一年的重复结果，使中心干上主枝和主枝上的侧枝分布呈明显的层次，这就是层性。层性明显的树种，如苹果和梨，在采用大、中形树冠时，依其特性可分为 2～3 层（如疏散分层形）；在矮化密植中，由于树冠矮小，通过修剪调节也可不分层（如纺锤形）。

2.2.8　树势　　树势是指树体总的生长状态，包括发育枝的长度、粗度和各类枝的比例、花芽的数量、质量等。不同树势其树体生长状态不同，其中发育枝长度和不同枝类的比例是常用指标。发育枝长、长枝比例大，表示树势强；发育枝短、发育枝过少甚至长不出发育枝，则表示树势衰弱。成年树不同品种间其结果最佳树势有所差异，如苹果中乔纳金、国光、金冠以健壮树势结果好，而元帅、红星以中庸偏弱树势结果好，较多的以中庸树势为好。成年苹果和梨的高产、稳产和优质的树势指标是：发育枝长度 30 cm 左右，长枝占 20%左右，中短枝占 80%左右，而且长枝在树冠中分布应比较均匀，外围的比例要大些。修剪的重要任务就是将树势调整到合适状态，如发育枝过壮、长枝比例过大，修剪应以缓和树势为主；反之树势过弱，则以复壮树势为主。长枝在树冠中各部位分布不匀，长枝多的部位表示该部位长势强，应以缓势修剪为主；长枝少的部位则以复壮修剪为主。

为什么长枝要占一定的比例且要分布比较均匀？因为长枝光合生产能力强，向外输出光合产物多，对整株树的营养有较强的调节作用，而短枝光合产物分配局部性较强，外运少，对整株树的营养调节较差。两者比例合适，整体和局部营养都合适，生长和结果容易平衡。

2.3　结果习性

2.3.1　花芽分化　北方多数落叶果树的花芽分化都是在结果的上年开始分化的。果树芽内生长点，在花芽形态开始分化之前，进行着由营养生长向生殖状态的一系列的生理、生化转变。这个转变叫生理分化。由于其是促进花芽分化的关键时期，所以，又称为花芽分化临界期。根据我们在北京、天津观察，成年苹果树的红星、金冠、国光和祝光等品种，生理分化在6月上之前开始，盛果初期红富士苹果的生理分化开始期是在6月初至7月上旬，鸭梨的生理分化开始期是在5月上中旬。从促进花芽分化角度，在这个关键时期采取得力措施是至关重要的。苹果上，5月中下旬至6月中旬之间环剥，处理越早促进花芽分化效果越好，晚于6月中旬的处理基本无效。

生理分化之后进入花芽形态分化。苹果、梨、桃、李、杏等多数落叶果树在入冬前只分化到雌蕊原基，此阶段改善树体光照条件，增加营养积累，能显著提高花芽分化质量。

关于花芽分化机理目前尚无定论，但有些理论在实践中对调节花芽分化是有指导意义的。一是在花芽分化关键时刻，凡有利碳水化合物积累、氮代谢趋向蛋白质合成的，对花芽分化有利；二是在内源激素平衡调控上，修剪包括植物生长调节剂的应用，凡有利增加细胞分裂素、乙烯和脱落酸，而不利生长素、赤霉素生成的措施，对花芽分化有利；三是在新梢形成一定的叶面积的基础上，以顶花芽结果为主的苹果、梨等树种，只有在新梢停止生长后的一定时间，才能开始花芽分化，而桃的花芽形成也往往与新梢停长或进入缓慢生长有关；四是改善树体光照条件，防止树冠郁蔽，有利花芽分化。上述几个方面都是通过整形修剪促进花芽分化必须考虑的因子。以枝条开张角度为例，不仅缓和新梢生长势，有利新梢缓慢生长或停长，而且也有利碳水化合物积累和乙烯的形成，所以对促进花芽分化有利。

2.3.2 开花坐果　果树是多年生经济作物，与一年生作物不同，树体内存在着贮藏养分。已如前述，苹果、梨、桃、杏等落叶果树，多数花芽在休眠之前只分化到雌蕊原基，直到开花前4周左右才进行花粉和雌配子分化。开花是果树最重要的物候期之一，苹果、梨、桃等落叶果树开花时，有的还未展叶，有的只有幼嫩叶片。开花坐果的好坏除与遗传因子、环境条件及授粉、受精有关外，最重要的就是营养条件，早春在成叶形成之前，花器官的进一步分化和发育，开花、花粉萌发及受精，主要利用的就是树体贮藏养分。如何合理利用有限的贮藏营养，是修剪和春季花果管理的重要任务之一。尤其是花芽形成过多的年份，花器官的进一步分化、特别是开花消耗养分尤为严重。通过冬剪和早春花前复剪，再配合疏花疏果，适当剪去和疏除部分花芽及花果，使留下的花芽和幼果相对得到较多的贮藏养分，从而能显著提高坐果率。像葡萄和枣等果树，是新梢和枣头边生长边开花结果，营养生长和开花在养分分配上会相互竞争，因此，葡萄在临开花前或初花期对结果新梢摘心，枣在开花期对枣头进行摘心，都能起到抑制营养生长，在短时间内使养分分配有利开花坐果。

2.3.3 结果枝类型　不同树种、品种，其主要结果枝类型不同，果枝的种类和划分标准也不完全统一。苹果、梨等常划分为长、中、短果枝，长度15 cm以上为长果枝，5～15 cm为中果枝，5 cm以下为短果枝。桃树果枝类型较多，常划分为5类：长度60 cm以上为徒长性果枝，30～60 cm为长果枝，15～30 cm为中果枝，5～15 cm为短果枝，5 cm以下为花束状果枝。同为核果类的樱桃，虽然也分长、中、短和花束状果枝，其标准与桃也有所不同，长度15 cm以上为长果枝，5～

15 cm 为中果枝，1～5 cm 为短果枝，1 cm 以下为花束状果枝。了解不同树种和品种的主要结果枝类型，是正确掌握修剪技术的重要依据。苹果中元帅系品种以短果枝结果为主，长、中果枝坐果很差，而国光、金冠、富士等苹果品种，长、中、短果枝均能结果。桃树中的南方品种群，多以长、中果枝结果为主；北方品种群以短果枝和花束状果枝结果为主，长果枝坐果则很差。中国樱桃和山楂则以中果枝坐果好，而李、杏和甜樱桃的多数品种则以花束状果枝和短果枝坐果好。正确的修剪方法当以有利形成最佳果枝类型为原则，如以短果枝和花束状果枝结果为主的，修剪应以疏剪、长放或轻剪为主；长、中果枝结果为主的，则可适当多采用短截修剪；长、中、短果枝结果均好的，修剪上应是比较容易掌握的。

果枝类型随着树龄增大也有变化，初结果树长、中果枝形成较多，到成年树则短果枝增多，修剪也应随之变化。从简化修剪考虑，只要结果枝类型中的短果枝、花束状果枝坐果好的，即使其长、中果枝坐果也好，都可按有利于促进形成短果枝和花束状果枝的方法去修剪。

实际生产中，由于树种特别是品种繁多，究竟何种果枝类型结果好，是需要认真观察和调查的，要具体品种具体分析，尤其从生产优质果出发，不仅要注意果枝的长短还要考虑其粗度、着生位置和结果枝年龄等。根据日本在富士苹果上研究表明：以粗壮的 2～15 cm 的短果枝和中果枝结果最好；短于 2 cm 以下的果枝结果偏扁，易裂果；长果枝结果果个大但底色差；细弱果枝青果多着色不好。从着生位置上看，以两侧果枝为好，背上果枝果实偏扁。从果枝年龄看，以从母枝发生的 2～3 年生果枝结果好，超过 3 年以上则差。核桃以粗 1 cm、长

5～15 cm 的结果母枝抽生的结果枝最好。

花芽和叶芽在果枝上的分布状态与修剪也有密切关系。苹果、梨结果最好的花芽都是顶芽，应尽量保留结果，一般不进行短截，短果枝在多数情况下无侧芽，也不宜短截。核果类果树花芽绝大多数为侧芽，顶芽为叶芽。桃树长果枝多为复花芽，多数节上既有花芽又有叶芽，所以，可进行短截；而短果枝和花束状果枝，侧芽多数为单花芽，仅顶芽为叶芽，因此，修剪也不能短截，如短截则成为无叶果枝；中果枝则介于长、短果枝之间，有的有侧叶芽，有的则无侧叶芽，能否短截或短截的部位，都是需要认真观察的。

2.3.4 连续结果能力 当年结果枝或由结果枝上发出的枝条容易形成花芽的，为连续结果能力强，不易形成花芽的为弱。桃、李、杏和樱桃的结果枝，只要当年产量不过高，各类果枝上发出的枝条都能形成花芽成为果枝，甚至花束状果枝和短果枝的先端发枝很短，也能接连数年形成果枝，所以，这类树种不容易出现大小年。

苹果和梨主要看果台副梢成花情况，果台副梢容易成花的为连续结果能力强，如苹果中秦冠、金冠和梨中的鸭梨，都具有较强的连续结果能力，相对不容易出现大小年。红富士和元帅苹果则连续结果能力较差，结果多了则容易出现大小年。梨中的雪花梨与鸭梨不同，鸭梨不仅果台副梢容易形成花芽，而且每个果台一般都能发出 2～3 个短果台副梢，很容易形成短果枝群；雪花梨每个果台一般只能发 1 个果台副梢，且很难形成花芽，还有相当一部分果台发不出果台副梢，连续结果能力很差，此类品种极容易发生大小年。所以，在花芽多的年份，连续结果能力强的，冬剪时可适当多留些花芽，差的则要适当少留些花芽，扩大营养枝的比例。

柿、板栗的当年结果枝，花、果多着生在果枝中段叶腋，结果枝健壮的，先端叶腋能继续形成花芽，转成为结果枝，次年可连续结果；反之结果枝细弱不仅当年坐果差，而且也不能形成花芽。一般壮的果枝发生在健壮的结果母枝上，那么修剪上就要培养和多保留健壮的结果母枝，以保持较好的连续结果能力。

2.3.5 **最佳结果年龄枝段** 什么样年龄枝段上结果好，幼树与成年树不同，幼树上是“树龄小、枝龄老”有利早果丰产，成年树则是“树龄老、枝龄小”有利生产优质果实。这就说明枝龄过小或过老都不利结果和生产优质果品。特别是在成年树上，从生产优质果品考虑，绝不能等枝衰老再更新，一定要及时、经常地进行更新，切实做到“树龄老，枝龄小”。尤其是苹果、梨的矮化密植树形，如各种纺锤形，似乎没有永久的主枝，即使留着的主枝也要不断回缩更新，这些措施都有利培养年轻、健壮的年龄枝段。对多数落叶果树而言，最佳结果年龄枝段是 2～5 年生枝，当然不同树种会有所差异。

2.4 果树的年龄时期

2.4.1 **幼树期** 幼树期特点是根系和枝条生长量大，生长持续时间长，树体扩大快。有的一年能形成较多级次的副梢；有的一年能长出春、夏、秋梢，营养生长旺，树体内贮藏养分少，抗寒性差。修剪的任务是进行整形，扩大树冠，增加枝量，完成营养生长向生殖生长的转化，适期结果，并提高抗寒性。修剪方法上是冬剪、夏剪结合，冬剪以轻剪为主，加强夏剪，前促后控，开张角度，缓和生长势，为以后成花，进入初结果期奠定基础。

2.4.2 初果期　从开始结果到大量结果之前为初果期。在过去稀植情况下,幼树期尤其是初果期要经历几年甚至上10年的时间。在密植条件下,时间明显缩短,一般2～5年即可进入初果期。此期树体生长仍然较旺,修剪任务是要逐步完善树形,培养枝组,增加结果枝量。修剪方法仍以轻剪为主,冬夏结合,尽快使亩枝量或单株枝量达到盛果期要求。

2.4.3 盛果期　是果树一生中产量最高、品质最好的时期。树冠基本稳定,新梢长势明显变缓,当年生枝较少发生或不发生分枝及二次生长,树势缓和。树冠内部开始秃裸,结果部位外移,若修剪管理不当,容易产生大小年。枝条过密或衰老,果实品质会下降。此期修剪任务是在加强肥水管理基础上,尽量维持适宜的树势和树体结构,延长盛果期年限。修剪方法上是要适当疏除过多、过密的骨干枝和枝组,改善光照,通过回缩修剪及时更新骨干枝和枝组,认真调节花叶芽比例,克服大小年。

2.4.4 衰老期　外围新梢生长量很小,甚至先端死亡,内膛明显秃裸,出现较多徒长枝,花芽虽多,落花落果严重,产量和品质明显降低。此期如还有一定生产效益,可注意选留背上壮枝或徒长枝,培养新骨干枝或枝组,完满树冠,充实内膛。失去经营意义的进行整株或全园更新。

2.5 年周期

一年中果树随着外界环境条件的变化,按着一定规律通过萌芽、开花坐果、根系和新梢生长、组织成熟和休眠,其营养物质的合成、输导、分配和积累,都有一定的变化规律,要依其年周期变化特点进行修剪。休眠期贮藏养分充足，落叶果树无叶、无果，操作方面，是适宜的主要修剪时期，可进行较细致修剪，全面调节。开花坐果时，消耗营养多，枝梢生长旺，营养生长和开花坐果存在着养分竞争，摘心、环剥、喷布植物生长延缓剂，能使营养分配转向有利于开花坐果。花芽分化期前进行扭梢、环剥、摘心等夏剪措施，可促进花芽分化。夏、秋梢停长期，疏除过密枝梢，能改善光照条件，提高花芽质量。幼树在秋季对正在生长新梢进行适度摘心，有利枝条组织成熟，能提高抗寒越冬能力。柑橘采用连续抹芽，定期放梢，合理疏梢，使留下枝梢整齐，增加花量，减少落果。总之，一方面要根据果树年周期生长发育特点进行夏剪；另一方面，夏季修剪能对年周期生长节奏有明显影响，在一定时间内，对营养物质的输导和分配有很强的调节作用，并可改变激素的产生和相互平衡关系，用以调节生长和结果的矛盾。

3　修剪的时期和方法

3.1　果树修剪时期

果树一年中的修剪时期大体可分为休眠期修剪(冬季修剪)和生长期修剪(夏季修剪)。生长期修剪又可细分为春季修剪、夏季修剪和秋季修剪,其中夏季修剪占的比重大,所以,一般又将生长期修剪统称为夏季修剪。

3.1.1　休眠期修剪　指落叶果树从秋季落叶后至春季芽萌发前,或常绿果树从晚秋梢停长至春梢萌发前进行的修剪。由于休眠期修剪是在冬季进行,故又称为冬季修剪。

年周期内果树体内营养物质是有一定运转规律的。落叶果树在进入休眠期前是由枝梢向下运入根部和枝干,开春时再由根部和枝干运向枝梢,因而冬季修剪时间宜在落叶之后、春季树液流动之前,此时根部和枝干贮藏养分较多,修剪损失养分较少,有利留下枝芽集中利用贮藏养分。常绿果树叶片中的养分含量较高,但其氮、磷、钾含量也随叶龄增长而下降,尤其在落叶前下降最快,大都被重新利用。因此,常绿果树的修剪宜在春梢抽生前、老叶最多并将脱落时进行,此时树体贮藏养分较多而剪后养分损失较少。

具体考虑冬季修剪时间时,还要综合考虑树种特性、修剪反应、越冬性和劳力安排等因素。不同树种春季开始萌芽早晚不同,杏、李、桃较早,修剪应早些进行;苹果稍晚,而枣更晚,修剪可相应延迟。同是核果类的樱桃，修剪过早，剪口容易失水干枯流胶，影响树体生长，因而以接近萌芽期修剪为宜。葡萄在北方寒冷地区需要埋土防寒，修剪必须在埋土前进行，春季出土后修剪容易发生伤流。落叶果树进入休眠期后早修剪，可促进剪口附近芽的分化和生长，能加强顶端优势，减少分枝；晚修剪可缓和树势，增加分枝。因此，弱树宜早剪，旺树宜晚剪。幼树如考虑防冻旱(抽条)时，早剪比晚剪好。对于大面积的果园，还要从劳力合理利用考虑，根据树种和树龄的不同，修剪安排有前有后。

3.1.2 春季修剪　主要内容包括花前复剪、除萌抹芽和延迟修剪。花前复剪主要是在能判定花芽多少和好坏时进行，因为有些树种或品种冬季修剪时，花芽不易辨别；有的在萌芽前后还会遇到自然伤害，所以冬剪时适当多留些花芽是必要的，春季复剪主要任务是调节花量，其次是补充冬季修剪的不足。

除萌抹芽主要是在芽萌动后进行，有的树种如葡萄、桃等一节上萌发几个梢，有的枝萌梢过多，有的骨干枝上及枝杈间发生较多萌蘖，都要进行除萌抹芽。为减少养分的消耗和枝梢间的竞争，除萌抹芽应早进行。但像葡萄等类似树种上，有时需要能明确判定是否为优良结果新梢后才宜进行。

延迟修剪，亦称晚剪。即休眠期不修剪，待春季萌芽后再修剪。此时贮藏养分部分被萌动的芽所消耗，一旦先端萌动的芽梢被剪去，顶端优势受到削弱，下部芽再重新萌动，生长推迟，能显著提高萌芽力、缓和生长势。此法只适宜在生长过旺、萌芽力低、成枝少的品种上应用，不像花前复剪和除萌抹芽那样是生产上常规措施。

3.1.3 夏季修剪　指新梢旺盛生长期进行的修剪。此阶段树体各器官处于明显的动态变化之中，根据目的及时采用适宜的修剪措施，才能收到较好的调控效果。夏季修剪的关键一是“及时”；二是要“适度”。如葡萄为提高坐果率，结果新梢摘心宜在开花前或开花初期进行，花序上留 6 枚左右叶摘心较为合适；为促进分枝，摘心和涂抹发枝素在新梢迅速生长期进行。为促进苹果花芽分化，环剥和扭梢宜在花芽生理分化期进行；而为提高坐果率，环剥必须在开花期进行。夏季修剪一方面能减少营养的无谓消耗，或使养分分配暂时有利某一器官、组织的发育；另一方面，剪掉部分新梢和叶片，尤其修剪量较大时，对树总体生长抑制作用较大。因此，应以达到目的为准，修剪量上宜轻不宜重。

3.1.4　秋季修剪　指秋季新梢将要停长至落叶前进行的修剪。一般以剪除过密大枝为主，此时树体稀密度容易判断，修剪程度容易掌握；由于带叶修剪，养分损失比较大，刺激作用小，次年春季剪口反应比冬季修剪弱；能改善光照条件，有利提高内膛枝芽质量。北方为充实枝芽以利越冬，对即将停长的新梢进行剪梢，也属秋季修剪。秋季修剪在幼树、旺树、郁蔽的树上应用较多，其抑制作用弱于夏季修剪，但比冬季修剪强。

3.2　修剪方法及作用

果树基本修剪方法包括短截、缩剪、疏剪、长放、曲枝、刻伤、抹芽、疏梢、摘心，剪梢、扭(枝)梢、拿枝、环剥等多种方法，了解不同修剪方法及作用特点，是正确采用修剪技术的前提。

3.2.1　短截　亦称短剪。即剪去一年生枝的一部分。短截反应的基本特点是对剪口下的芽有刺激作用，以剪口下第一芽受刺激作用最大，其新梢生长势最强，离剪口越远刺激作用依次减弱。短截可分为轻(剪去部分枝长小于1/3)、中(枝长1/3～1/2)、重(枝长1/2～2/3)和极重(大于枝长2/3至基部只留1～3芽)短截。其反应如图5所示,随着短截加重,其萌芽力提高,成枝力增强,但绝对萌芽数降低,成枝数一般以中截最多。对母枝则有削弱作用,即短截越重,母枝增粗越少。

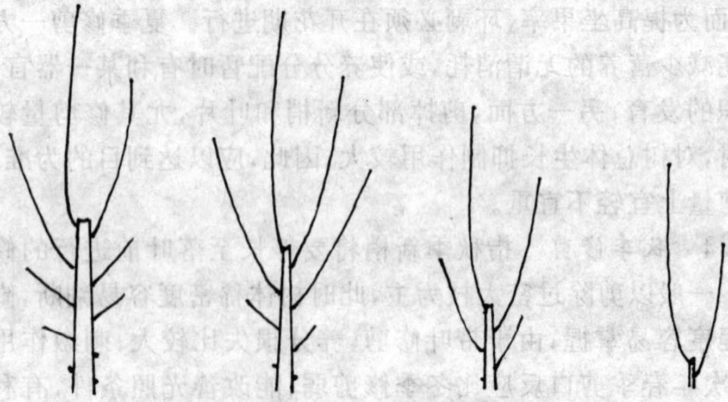

图5　不同程度短截修剪的反应

短截反应受枝和芽的质量影响较大。徒长枝本身不充实,芽的质量较差,短截后仅刺激剪口附近成枝,但萌芽力不一定提高。在春秋梢交界处,留秋梢基部瘪芽短截,俗称"戴帽"修剪,其刺激作用明显削弱;留一年生枝基部瘪芽短截,有时萌发成长枝,有时只萌发出中短枝。

为增加分枝、扩大树冠、建造坚硬骨架时,常采用短截修剪。但短截多容易使树冠内枝梢密度增加,光照变差,不利于由营养生长向生殖生长转化,也不利提高果品质量。尤其在现代化矮化密植栽培中，像苹果、梨、桃等树种上，宜少用短截为宜。国外专家认为我国修剪过重，主要指的就是短截运用过多。

3.2.2 缩剪 亦称回缩。即在多年生枝上短截。缩剪反应特点是对剪口后部的枝条生长和潜伏芽的萌发有促进作用，对母枝则起较强的削弱作用(图 6)。其具体反应与缩剪程度、留枝强弱、伤口大小有关。如缩剪留壮枝，伤口较小，缩剪适度，可促进剪锯口后部枝芽生长；缩剪留枝细，伤口大，剪得过重，则可抑制生长。缩剪的促进作用，在骨干枝、枝组趋于衰弱时，常用此法进行更新复壮。削弱作用常用于骨干枝之间调节均衡和控制辅养枝上。在现代矮化密植栽培中，幼树和初结果树上应少用缩剪；在盛果期时，则是常用的修剪方法。

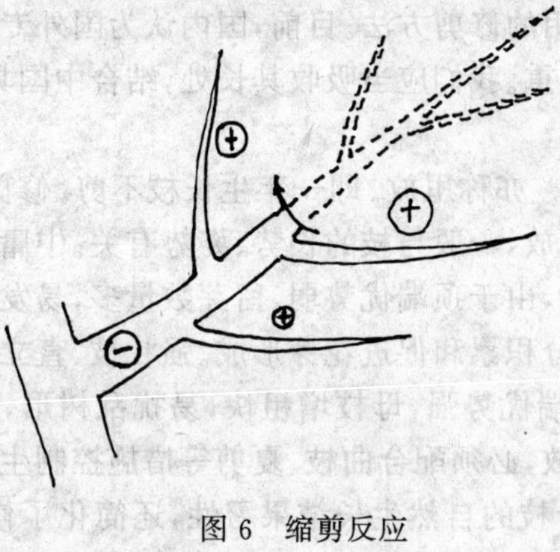

图 6 缩剪反应

注：圆圈大小代表作用强度

3.2.3 疏剪 亦称疏删。即将一年生枝梢或多年生枝从基部疏除。其反应特点是对剪锯口上部枝梢有削弱作用，即上部枝成枝力和生长势受到削弱；对下部枝芽有促进作用，距伤口越近，作用越明显；对母枝则有显著的削弱作用（图 7）。疏剪枝越粗，对上部枝和母枝削弱作用越大，对下部枝芽促进作用也越大。但如疏除的是衰弱枝、无效枝或果枝，则总体上有促进作用。

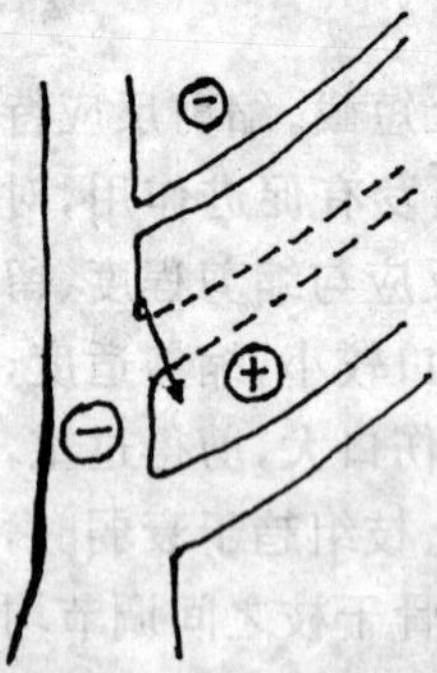

图 7　疏剪反应

疏剪有减少分枝作用，能显著改善树冠内光照条件，缓和生长势，因而有利于促进结果和生产优质果品。利用疏剪对母枝有较强削弱的特点，可用于调节主从关系和均衡树势上，对强枝多疏粗壮枝，弱的则少疏或不疏。在现代矮化密植栽培中，不论是幼树和盛果期树，都是常用的修剪方法。目前，国内认为国外专家修剪重，主要是指疏剪重。我们应当吸收其长处，结合中国具体情况合理应用。

3.2.4　长放　亦称甩放。即一年生长枝不剪。修剪中不是任何长枝都可长放，一般与枝的长势、姿势有关。中庸枝、斜生枝和水平枝长放，由于顶端优势弱，留芽数量多，易发生较多中、短枝，有利养分积累和促进花芽形成。强壮枝、直立枝、竞争枝长放，由于顶端优势强，母枝增粗快，易扰乱树形，因此，不宜长放；如要长放，必须配合曲枝、夏剪等措施控制生长势。长放反应不仅符合枝的自然生长结果习性，还简化了修剪，因此，在苹果、梨、李、樱桃、杏等树种上得到广泛应用，就是在桃树上，国外也广泛采用，从我们目前在桃上进行长枝修剪研究结果看，也有利早丰产和生产优质果品。

3.2.5　曲枝　即改变枝梢方向。主要是加大与地面垂直线的夹角，直至水平，也包括左右改变方向。开张角度能明显削弱顶端优势，提高萌芽力，缩小发枝长势差距，使生长素、类似赤霉素含量减少，氮含量少而碳水化合物增多，乙烯含量增加，因而开张枝的角度有利花芽的形成。从树体反应看，可扩大树冠，改善光照条件。利用长枝开角结果下垂后，有利于近基枝更新复壮。在幼树和初结果树上，开张角度是促进幼树早果丰产、简化修剪的常用的方法。

3.2.6　刻伤和多道环刻　在芽、枝的上方或下方用刀横切皮层达木质部，叫刻伤。春季发芽前后在芽、枝上方刻伤，可阻碍顶端生长素向下运输和养分向上运输，能促进切口下的芽、枝萌发和生长。

多道环刻，亦称多道环切或环割。即在枝条上每隔 10 cm 左右，用刀或剪环切皮层达木质部，能显著提高萌芽力。

单芽刻伤应用较多，以弥补缺枝一方发出长枝。而多芽刻伤和多道环刻，主要用于轻剪、长放的辅养枝上，能缓和枝势、增加枝量（图8）。多芽或多道环刻在萌芽力低的幼树上应用较多，尤其是在苹果上，能显著促进中短枝量增加和早果丰产。但此项措施应以不使树势衰弱为前提，适当应用。

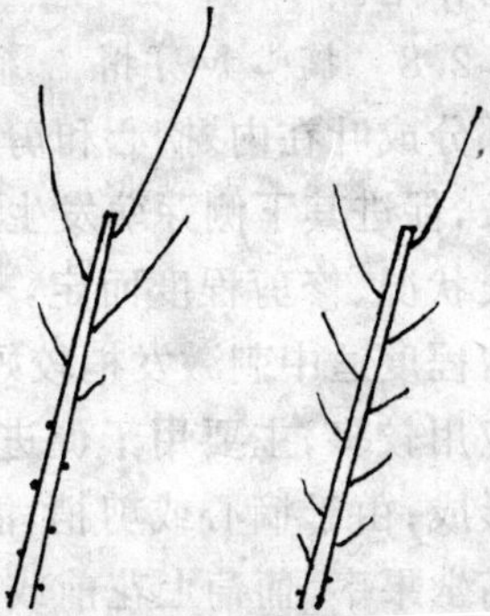

图 8　多芽刻伤反应

左：未刻伤反应；右：刻伤反应

在枝、芽下方刻伤或锯伤也有应用，主要目的是削弱其上枝、芽生长势。

3.2.7 抹芽、除萌和疏梢　一年生枝上芽萌动后抹除为抹芽，多年生枝上为除萌，疏除新梢为疏梢。萌芽力强、一节能发数芽的桃、葡萄等树种，需要抹芽、除萌和疏梢。就是一般树种枝杈间、剪锯口或骨干枝背上冒的萌蘖也需抹除。其主要作用是选优去劣，除密留稀，节约养分，提高留用枝梢质量。

以葡萄为例，有时一节能萌发数芽，一般留主芽抹除副芽；一个结果母枝只留 2 个左右结果新梢，其余梢疏除；葡萄芽具有早熟性，抹除夏芽副梢是夏剪经常性工作；多年生枝或根部发生的萌蘖，除更新需要留外，一般也抹除。

夏、秋季节疏除直立过密新梢，能显著改善树体光照条件，提高花芽分化质量。疏除新梢对母枝和树体都有较强的削弱作用。

3.2.8 摘心和剪梢　摘心是摘除幼嫩的梢尖，剪梢还包括部分成叶在内。摘心和剪梢可削弱顶端优势，暂时抑制新梢生长，促进其下侧芽萌发生长，增加分枝。其具体反应视新梢生长状况、修剪程度而定，一般在新梢迅速生长期反应强烈，修剪程度适中刺激发梢较好。摘心和剪梢在果树生长季修剪中应用较多，主要用于促进二次梢生长，增加分枝；促进花芽的形成；由于摘心或剪梢，能改变营养物质的运转方向，有利提高坐果率，葡萄上花前或花期摘心是常规措施；促进枝芽充实成熟，有利越冬。摘心和剪梢是在生长季中进行，作用时间有限，因此，必须在急需养分调整的关键时期进行。

3.2.9 扭(枝)梢　在新梢基部处于半木质化时，将新梢基部扭转 180°，使木质部和韧皮部受伤而不折断，新梢呈扭曲状态。此法能使新梢先端停长，有利养分积累和促进花芽分化的作用。扭梢在苹果幼树、初结果树上应用较多，但其弊端突出，特别是背上直立枝往往是“扭而不服”，从基部再冒直立枝，加大夏剪工作量；要促花，必须压低扭梢部位，随着扭梢的生长，基部形成疙瘩，妨碍母枝生长。根据我们的经验，从简化修剪出发，一般不提倡扭梢，背上直立梢多疏除，以促两侧枝组的发育。

在有些树种上，也可将2～3年生枝扭伤，裂而不断，称为扭枝。此类枝多在结果后疏除。

3.2.10 拿枝　亦称捋枝。在新梢生长期用手从基部到先端，逐步使其弯曲，伤及木质部，响而不折。在春夏苹果新梢迅速生长时拿枝，有利旺梢停长，减弱秋梢长势，形成较多副梢，有利形成花芽。秋梢开始生长时拿枝，减弱秋梢生长，形成少量副梢和腋花芽。秋梢停长后拿枝，能显著提高次年萌芽力。

3.2.11 环状剥皮　简称环剥。在树的枝干上留小的间隔，上下环切二刀，以切透皮层为度，然后在间隔上纵切一刀，将环切的皮部取下（图9）。环剥在果树生产中应用较广泛，其主要作用是能抑制营养生长，促进花芽分化，提高坐果率，促进果实成熟和提高品质，空中压条时能促进生根。

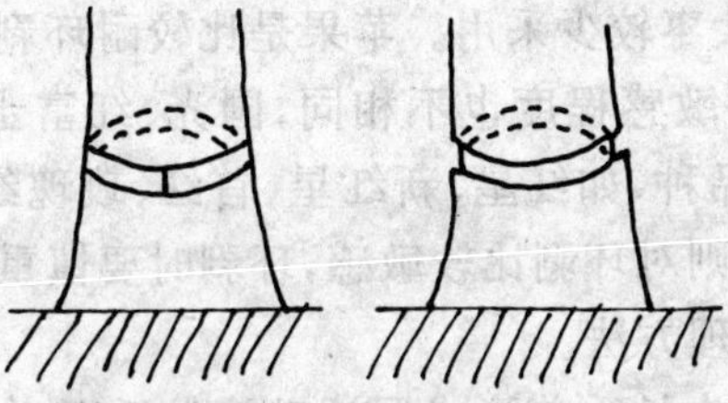

图9　环状剥皮

左：环剥切口状；右：取下皮层状

环剥作用的机理是：果树树体内只有韧皮部是有机营养

物质长距离上下运输的主要通道，环剥暂时切断了有机营养物质向下运输，促进地上部分碳水化合物的积累。生长素、赤霉素含量下降，乙烯、脱落酸、细胞分裂素增多，因而有促进花芽分化，提高坐果率、促进果实成熟和提高品质的作用。环剥也暂时切断了对根的碳水化合物的供应，必然抑制根系的生长，降低根系的吸收功能，同时也阻碍了根系合成又是生长必需的某些物质的向上运输，从而抑制地上部的营养生长。

环剥作用的消失和恢复有机营养物质上下运输通道的关键是：环剥口木质部表面残留的形成层薄壁细胞分生能力的全面恢复，形成愈伤组织，进而形成新的形成层、韧皮部和木质部，最终恢复有机营养物质的地上部和地下部的正常交换。所以，环剥不当是有风险的，轻则造成树势衰弱，重则死树、死枝。

环剥与树种和品种有关。就树种而言，枣、苹果、梨、柿、柑橘等应用较多，目前在桃、李、樱桃等核果类果树上也有应用，从安全角度考虑，像核果类易流胶等剥口不容易愈合的树种，还是不用或少用为好。同一树种不同品种也不同，枣树中小枣应用普遍，而大枣较少采用。苹果是比较耐环剥的树种，但不同品种对环剥敏感程度也不相同，国光、红富士苹果较耐环剥，而元帅系品种，如红星、新红星、首红、玫瑰红等、王林、乔纳金、北斗等，则对环剥比较敏感，环剥时要慎重，或采用类似环剥的其它处理方法。

环剥是在生长季节形成层活动比较活跃时进行，具体环剥时间与环剥目的有关。提高坐果率宜在花期前后进行，如小枣环剥适宜时间是在盛花期。为促进花芽分化，宜在花芽生理分化期进行，如北京富士苹果适宜时间是 5 月中下旬至六月上旬，晚于 6 月 20 日促花效果差，过早则抑制营养生长严重。促进果实成熟则宜在果实将要进入成熟期前进行。

环剥的适宜宽度是在急需养分积累期过后即能愈合为宜。过宽长期不能愈合，使根系长时间处于饥饿状态，抑制营养生长过重，造成树势衰弱。环剥过窄，愈合过快，又不能充分达到目的。环剥宽度与树或枝的长势和粗度有关，生长势强、枝粗的宽些；反之则窄些。苹果的环剥宽度为枝直径的 1/8～1/10，一般为 0.3～1.0 cm。环剥的切口深度以切透皮层为宜，过浅韧皮部有残留，不易将皮层取下。

当树体整体生长势旺时，可进行主干环剥，其对根系生长抑制作用大，对树整体生长控制作用强。而对树体中部分枝进行环剥，只对环剥枝生长产生抑制，而未环剥枝能继续供给根养分，并能增强光合效率。因此，在不需要控制整株生长的情况下，宜实行部分枝环剥。

环剥伤口是否需要包扎，视具体情况而定，一般可不包扎，如需包扎以报纸为好，一则有利愈合；二则可防止吉丁虫等为害切口。

促进花芽分化是环剥应用的重要领域，要达到好的促花效果，还必须注意环剥树或枝上叶面积的大小和枝类比。幼树或春季环剥过早，由于总体叶面积小，光和产物不多，积累也就不足，其效果差，甚至无促花效果。就苹果和梨而言，枝类比极为重要，发育枝、长枝多，中、短枝少，促花效果差；反之中、短枝比例大，促花效果好。因此，环剥前必须通过其它修剪方法增加枝量，尤其要增加中、短枝的数量。

环剥在促进幼树和成年旺树由营养生长向生殖生长转化上有着特殊的作用，因而应用比较普遍。但经过一段时间调整后，树势缓和并进入正常结果时，应停止环剥，不能把环剥当做长期和必须进行的常规措施加以应用，毕竟环剥还有促进树体衰弱，容易感病和结果过多等弱点。从目前实际生产看，由于环剥应用不当，树势严重衰弱、病害加重，甚至死树的事时有发生。常见的主要原因有：不分树种、品种，不看长势如何，滥用环剥。如生产中常见到元帅品种，由于其对环剥敏感，很容易造成死树。有的弱树，甚至已有腐烂病、轮纹病等枝干病害情况下，也进行环剥，以至造成病害扩大蔓延。环剥操作技术不当也是重要原因，环剥口过宽，操作过程中擦掉切口木质部表面粘液；用力过大，切入木质部过深；环剥刀切过病害枝干后不消毒继续使用，造成切口感染等。有的怕环剥口感染病害，剥后涂抹福美砷、石硫合剂等农药，严重伤害形成层和皮层伤口部分，使之不能愈合。如果要涂抹农药，一定要选即能防病又能促进愈伤组织发生的农药。

环剥后及时检查也是防止不良后果的重要方面。环剥后半月左右观察，如果切口木质部表面普遍产生近白色的愈伤组织，或大部分都产生愈伤组织，一般讲是没什么问题。如果切口木质部表面不产生或很少产生愈伤组织，甚至表面变黑，继而切口上端产生大量愈伤组织而隆起，形成切口上端明显膨大(图 10)，即表明切口愈合不正常。此时急需采取补救措施，轻时可包扎塑料膜，以促进愈伤组织产生。重时可用利刀将上下的愈伤组织再薄薄地切去一层，然后在其

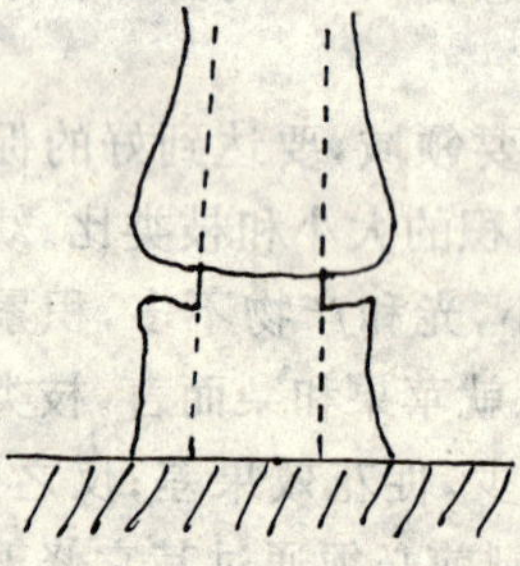

图 10　环剥后愈合不正常

上涂抹薄薄的一层发枝素，再用塑料膜包扎，更有利切口上下产生大量愈伤组织，有助加速伤口愈合。实在无法促进伤口愈合时，可采用桥接加以补救，粗的接 3～4 根，细的接 1～2 根。

为了减少环剥风险，现代生产上还有采用利皮的方法，即在主干上只环切一圈，然后在其上或下，每间隔 1.5 cm 左右纵切数刀，然后将纵切皮部撕起（图 11），其作用与环剥相同。另一种方法是环剥时留安全带，即主干环剥时留 1/10 左右皮部不切断（图 12），由于该部分继续维持上下有机营养交换通道，可减少死树风险，但作用比全环剥稍差。

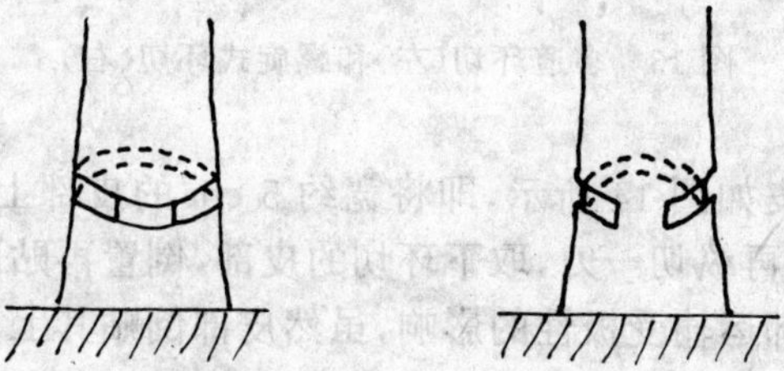

图 11　刮皮

左：刀切口状；右：撕起纵切皮部状

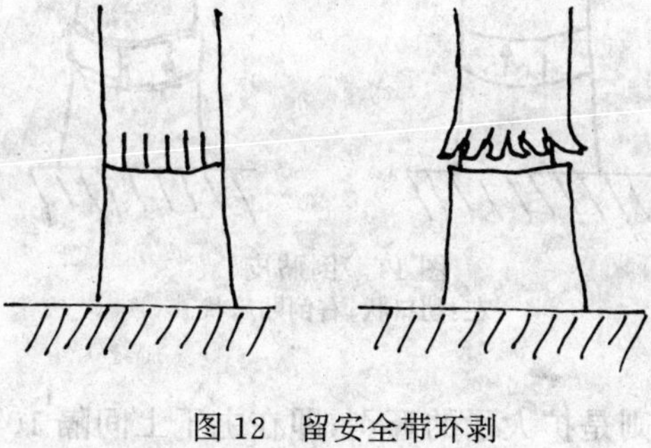

图 12　留安全带环剥

多道环切不同于环剥，即间隔 3～4 cm，环切 2～4 刀或更多，或者进行螺旋式环切，至少 2 圈（图 13）。其作用强度不如环剥，但对环剥较敏感或生长势不很强的树和枝，也能有较好的作用。

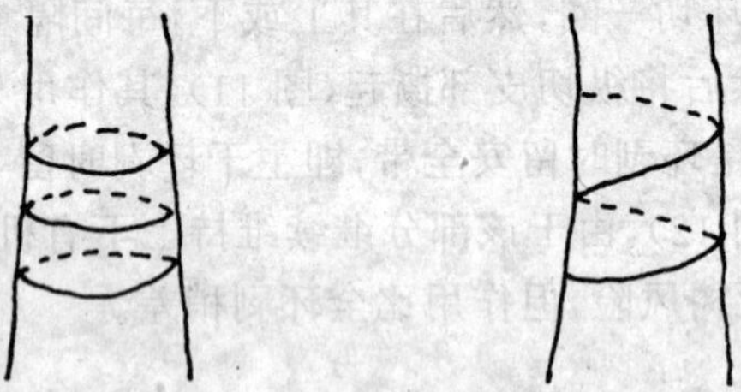

图 13　多道环切（左）和螺旋式环切（右）

倒贴皮如图 14 所示，即将宽约 5 cm 的皮部上下两刀将皮部切透，再纵切一刀，取下环切的皮部，倒置再贴回原处。由于植物皮部运输受极性的影响，虽然皮部倒贴其上，有机营养向下运输仍然严重受阻。其作用一般强于环剥。

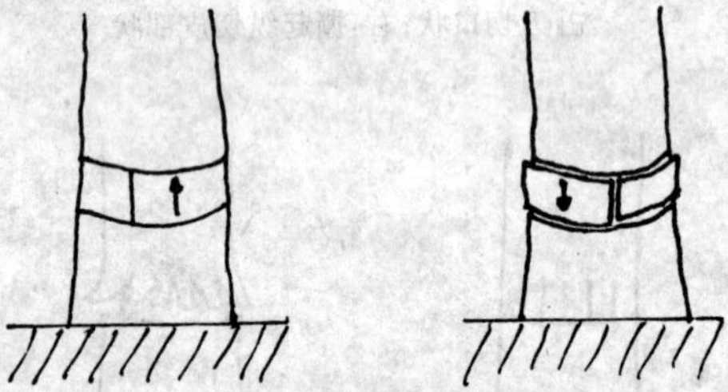

图 14　倒贴皮
左：切口状；右倒贴后状

大扒皮则是扩大了的环剥，即在主干上间隔 10 多厘米以上，上下环切 2 刀，再在其间隔皮部纵切数刀，然后将环切口之间皮部全撕下(图 15)。大扒皮作用最强，风险也大，一般情况下最好不要采用。

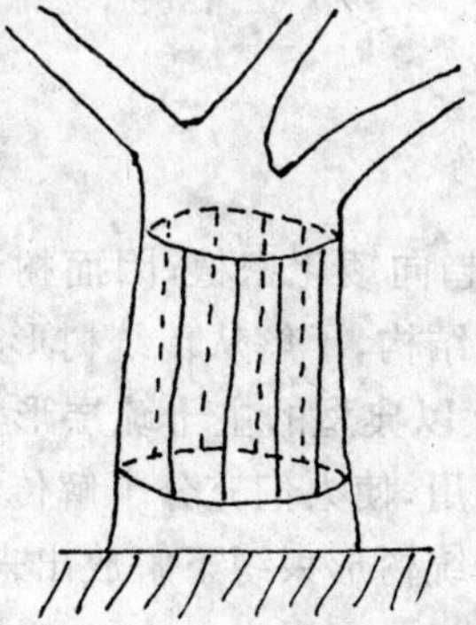

图 15　大扒皮

左：切口状；右：扒下皮层状

除上述各种基本修剪方法外，还有断根、折枝、击伤芽等，需要时也可应用。化学修剪方法则在以后有关章节中叙述。

4 果树树体结构

4.1 果树个体结构

现代果树栽培的重要特征是趋向矮化密植，因而树形也由大冠转向小冠，但为了分析树体结构，了解从传统树形转化为现代矮密树形的演变，我们仍然以典型的主干疏层形为基础，分析树体结构中各个部分的作用，使人们充分了解传统树形与现代树形之差别，有利于从传统树形束缚下解放出来，接受新的树形和修剪方法。

传统的主干疏层形的树体结构比较复杂，其地上部分包括主干和树冠两部分。树冠由中心干、数个主枝、十余个侧枝(亚主枝)和大量枝组构成(图 16)。

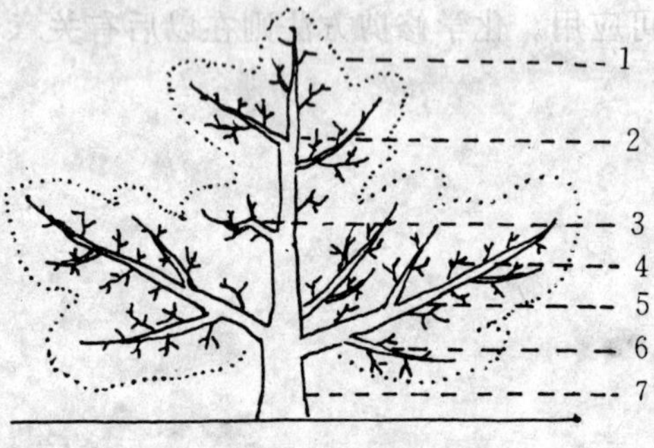

图 16 主干疏层形树体结构

1. 树冠；2. 中心干；3. 辅养枝；4. 枝组；5. 主枝；6. 侧枝；7. 主干

4.1.1 **主干** 地面至第一层主枝之间的树干部分称为主干。主干高度(简称干高)对树体结构影响较大:干高,根与树冠之间距离大,树冠成形晚,体积小;干矮,根与树冠之间距离小,树冠成形快,体积大,树生长势强,干周增长快,便于树冠管理,有利防风、积雪、保温、保湿。

主干的高和矮,目前没有划定标准,只是相对而言,原则上干矮些好。但生产上具体情况要具体分析,一般要考虑树种和品种特性、气候条件、栽培管理和栽培密度等因素。种和品种树形比较直立的,如雪花梨、王林苹果、北方品种群桃等,干可矮些;树形开张、枝条软的,如核桃、鸭梨、温州蜜柑、乔纳金苹果、南方品种群桃等,干可高些。大陆性气候条件下一般干宜矮些,有利提高果树对不良环境的抵抗力;海洋性气候,特别是葡萄、苹果在南方栽培时干宜高些,有利通风透光,减少病虫危害。大冠稀植,干宜高些;矮化密枝干可矮些,但是从生产优质果实、实行行间机械化耕作和便于树下地面管理考虑,如采用自由纺锤形时,干高以 80～100 cm 以上为好。进行果粮间作或以果树做行道树时,干还要高些。丛状形的灌木果树,冬季需要埋土防寒,采用扇形整枝的葡萄,则采用无主干树形。

从生产优质果品考虑,干高不宜太矮,矮了基部枝条结果拖地,不利生产优质果品。

4.1.2 **树冠** 树冠是果树的主体部分,树冠的体积主要是由冠高和冠径决定的。在稀植条件下,必然采用大冠树形,单株产量随着树冠体积增大而增加,50～60 年代,曾有单株苹果高达 2 500 kg,北京市团城果园一株伏花皮苹果可产 1 500 kg,单株体积高达数百立方米,一般稀植也在 100 m^3

左右。大冠虽然能充分利用空间，延长经济寿命，但其缺点是显而易见的。首先，是幼树阶段单位面积内植株少，枝量少，群体叶幕形成慢，覆盖率低，早期光能利用差，加之要迅速扩大树冠，因而结果晚，如苹果、梨等，一般 5～6 年投产，10 年左右才能进入盛果期；第二，由于树冠高大，树体结构复杂，骨干枝多而粗大，造成在营养分配上用于非生产果实的比例增加。如有人研究，旭光苹果乔化树在营养生长期用于果实以外的可塑性物质占树体合成量的 55%左右，而矮化树仅占 20%；第三，随着树冠增大，其有效容积和叶面积反而减少。所谓有效容积即能正常结果部位，以苹果为例，凡相对光照为全光照 30%以上部位为有效容积，如要生产优质果实，需在 40%以上。罗新书(1980)分析威海山地 25 年生苹果园结实状况看到，单株产量与树冠体积成正相关，但单位树冠体积的结实力与树冠大小则是曲线相关，以树冠体积为 20～25 m^3 时每立方米结果量最高，说明树冠体积太大，单位树冠体积的产量反而降低。根据日本药师寺(1962)调查，温州蜜柑亩栽 176 株时，自然半圆形树冠单株容积 7 m^3 时，全部为有效容积，当亩栽 22 株，单株容积增大到 117.7 m^3 时，有效容积只占 1/2。根据美国 Heinicke(1975)调查，苹果树高从 2.4 m 的矮化树增高到 6.1 m 的乔化树时，有效叶面积的比例则从 92%减少到 76%。由此可见，只有适度密植采用小冠树形，不仅早期可能获得丰产，经济利用树体营养，树冠能全部为有效容积，而且可能获得优质果品。所以，适当缩小树冠体积是发展的必然趋势。

一个树形的好坏仅用树冠体积衡量是不全面的。在密植条件下，单株树冠体积虽小，如果树冠纵横相连成一体，同样会使光照条件恶化，不能获得优质丰产；或者树冠体积相同，树高、冠径和树冠外形不同，对光能利用和结果影响也不相同。所以，从合理利用光能和生产优质丰产果品考虑，还必须进一步分析树冠形状、树高、冠径及其间隔。

关于树冠形状，大体可分为自然形、扁形(篱架形、树篱形)和水平形(棚架形、盘状形、匍匐形)三类。根据前苏联Агафоновь(1974)研究，扁形群体有效体积和树冠表面积最大，自然形其次，水平形最小。扁形产量较高，品质较好，果园操作也较方便，因而已成为现代化果园的主要树形。水平形树冠受光最佳，品质最好，并适于密植，提早结果，虽然产量较低，但由于品质好，在经济效益上可能超过扁形。新西兰在苹果、梨、树莓上采用水平的 Lincoln 树形已获得较大成功，美国也在开展这方面的整形试验。

对大冠树形，普遍认为扁圆形或半圆形为好，冠形指数(冠高/冠径)为 0.5～0.8，且树冠明显分为 2～3 层(图16)，层间距保持 1 m 以上，保持树冠内有较好的通风透光条件。根据李丽等(1992)的研究表明，将国光苹果树由圆头形改为双层形后，由于调整了营养生长和生殖生长的关系，树体枝量减少，叶幕的有效光合面积增加，果实获得了更多的光合产物，产量和品质均有明显提高。

日本从生产优质果和其气候特点考虑，苹果大冠树形普遍采用两主四侧开心形(图 17)，光照得到明显改善。

树高、冠径和间隔是影响劳动效率、光能利用和生产优质果品的重要参数。树冠过高，主要影响劳动效率，在美国由于其机械化程度高，采收、修剪可应用升降梯或吊台，在较稀植情况下，提倡树高 4 m，冠厚 3.5～3.6 m。前苏联

карлов(1976)研究认为，苹果树高一般以 3 m 左右为宜，这样的苹果园产量不低于更高的树形。从我国果树实际情况看，树

图 17　日本二主四侧开心形

过高，人工授粉、疏花疏果、套袋、摘叶、采收和修剪等树上管理很不方便，影响劳动效率；树冠上部喷药质量差，往往成为病虫害的发源地；而且由于树高，也影响树内和下部及其它株的光照，对生产优质果品不利。

树高的确定还受行距和冠径的制约，行距宽可高些，窄宜矮些。从苹果上看，为保证生产优质果品，一般以上一行树对下一行树冠基部不能全天遮荫，每天应保持 3 h 以上光照为宜。如果以行距间隔衡量，树高应在行距的 1/2 以下，即行距 4 m，树高应在 2 m 以下。在同样行距条件下，树高冠厚时，冠径宜小些；树矮冠薄时冠径宜大些。正如日本永田正夫(1982)集多年苹果整形修剪经验所指出：矮化并非简单指树高越矮越好，适当提高树体高度，缩小冠经，增加树冠单位体积内枝芽量，加大树冠之间的间隔，同样能提高单位面积的产量。

冠径的大小除与树高有关外，主要受株行距、劳动效率的制约。一般株间冠径与株距基本相等，或略大于株距，但是株

间交接率不能大于20%。行间冠径，在较密植条件下以占行距的60%～80%为宜，即行距5 m冠径宜在3～3.5 m之内；行距4 m，宜在2.4～2.8 m，保证行间树冠之间保持1.2～2 m间隔，以保持果园良好光照条件和田间操作方便。我国目前不少密植果园不论株间、行间都交接，像这样的果园，不仅田间操作不便，劳动条件恶化，更不能生产出优质果品。

4.1.3 **中心干** 凡干性强的树种和品种，如苹果、梨、甜樱桃、柿、银杏等树种中的大多数品种，均适宜建造有中心干的树形。有中心干的树形可使主枝和中心干结合牢固，在稀植大冠条件下，主枝可上下分2～3层，有利于立体结果和提高光能利用率。有中心干的大冠树形，树冠容易过高，基部主枝以上中心干部分担负产量较少，如主干疏层形，有主枝5～7个，在中心干上分2～3层排列，但基部三主枝产量要占株产的70%左右，其上只占30%左右。同时由于树体过高，树冠体积过大，容易在树冠内部和下部形成无效区和低品质果品生产区，尽管通过采用培养层性、加大层间距和延迟开心等措施，以改善光照条件，但也难于解决全面生产优质果品的问题。根据我们的经验，在5 m×7 m至3 m×5 m株行距的苹果园中，可将主干疏层形逐步改造成单层主干形，即将基部3～4主枝以上中心干上的主枝消灭，只保留中、大型枝组，则能较好解决树冠内的光照条件，使基部主枝产量占75%，且能生产出较优质的果品。当然也可考虑向日本学习，将有中心干的大冠树形改为单层自然开心形，除在幼树阶段保留中心干外，10～12年生时则除去中心干为自然开心形，20年生时改为2主枝4个侧枝的开心形。

现代矮化密植栽培的果树则多采用有中心干的树形，如生产中最常用的自由纺锤形、细纺锤形、圆柱形等。虽然有中心干，但由于树冠体积小，能合理利用空间和光能，也有利生产优质果品。国外目前此类树形，苹果、梨等多采用矮化砧或矮化中间砧形式栽培，中心干相对不那么粗壮，因而每株树需立支柱，将中心干绑于支柱上，以防止结果后歪倒。我国苹果密植果园也趋向于采用自由纺锤形、细长纺锤形等有中心干树形，但要每株树立支柱，经济尚难承受。我们采用乔砧或矮化中间砧，其本身中心干具有较强的生长势，但从部分成年园看，中心干仍有延长头偏歪现象，如何培养强中心干而又要控制冠径不能过大，将是有待解决的问题之一。

干性弱的树种或品种，则宜采用无中心干的开心形，如桃树等。开心形一般树冠较矮，光照好，有利生产优质果品。开张角度较大时，骨干枝背上易发旺条，有时主枝基部结合不够牢固，是其缺点。从密植栽培看，国外通过立支柱的办法，同样可将桃树培养成有中心干的纺锤形；反之干性强的苹果、梨等树种也可采用开心形，干性强弱不是决定是否采用有中心干树形的惟一标准。

4.1.4 骨干枝　中心干、主枝和侧枝（大冠中还有副侧枝）构成树冠骨架，统称骨干枝。骨干枝担负着树冠扩大、水分养分运输和承担果实重量的任务，不直接生产果实，属于非生产性枝条。所以，原则上在能充分占领空间的条件下，骨干枝越少越好，以避免养分过多地消耗在骨干枝上。在稀植大冠形条件下，骨干枝必然偏多，如山东省烟台提倡的苹果主干疏层形，主张主枝 5～7 个，侧枝 15～20 个；东北提倡的疏散分层形，主张主枝 5～6 个，侧枝 10～15 个。无疑骨干枝结构之复杂和数量之多，是与建造大冠形相适应的。在现代趋向于密植的栽培条件下，相当多的果园和技术人员，难于摆脱这种树形结构的影响，想按此结构建造一个小冠树形，但由于其利于树冠的扩大，结果事与愿违，控冠极为困难，多以失败而告终。

事实上，只有密植才可能减少骨干枝数量，减少非生产性枝条，有利早果丰产；同时，只有树体结构趋于简单、骨干枝数目少，才有利于控冠。所以，越是密植，树体结构应越简单，骨干枝数目应越少。如我们提倡的单层主干形，是由中心干和一层 3～4 个主枝组成，纺锤形则有中心干和若干主枝组成，圆柱形全树骨干枝则只有一个中心干，超高度密植的草地果园，采用相当于 1～2 个大型枝组的树形，则全树没有骨干枝。

骨干枝的延伸，有直线和弯曲延伸两种。直线延伸的，树冠扩大快，生长强，树势不易衰。但角度小时，容易上强下弱，下部和内部易光秃，不易形成大型枝组或骨干枝。弯曲延伸枝在弯曲部位容易发生大型枝组或骨干枝，树冠中下部生长相对较强，不易光秃，但先端生长受到削弱，树势易衰。在过去中、大冠树形整形中，中心干常采用弯曲延伸，以防止上强，促进基部主枝生长。纺锤形的中心干多采用直线延伸，有利保持中心干优势，而通过疏除其上竞争枝和强侧生分枝，又可防止其过强。主枝先采用单轴直线延伸，配合开张主枝角度和适当疏除强分枝，既可削弱先端长势，又可防止后部秃裸。待先端结果衰弱后，通过回缩更新，使主枝和枝组呈弯曲延伸状态。密植采用中心干弯曲或折叠树形，虽有利控制树高，但主枝容易过强，不易控制。

4.1.5　**主枝分枝角度**　主枝与中心干的分枝角度，对树体骨架的坚固性、结果早晚、产量高低和品质好坏影响很大，是整形的重要关键之一。角度小，树形直立，冠内郁蔽，光照不良，容易上强下弱，花芽形成少，易落果，早期产量低，后期树冠下部易光秃，产量低品质差，接合部位易劈裂。实验证明：主枝基角以不夹皮为限，在30°～75°范围内，分枝基角越大，负重越大(M. Daniele，1923)，所以适当开张角度是必要的。角度过大，树冠开张，生长势弱，花芽易形成，早期产量高，但易早衰。苹果主干疏层形，基部主枝基角要求60°～70°，腰角70°～80°，梢角40°～50°。基角合适结合牢固；腰角大有利改善光照条件和防止后部秃裸；梢角小些，有利保持顶端优势，防止主枝衰弱。对有中心干的密植树形，主枝开张角度应大些，基角和腰角都应在70°～80°甚至更大。在树冠株间未交接前，保持较小的梢角，有利树冠扩大；即将交接也应开张至70°～80°以上。当然不同树种品种要求也应有所不同，如梨大枝较软，结果后极易开张，幼树不要开张角度过大。大久保桃本身为开张品种，角度不宜过大，而燕红桃品种，较直立，角度则需开张大些。再如苹果短枝型品种，在树冠未形成前，也不宜开张角度过大。

4.1.6 尖削度　骨干枝由基部到先端，粗度逐渐变细，在同样长度内，粗细差异越大尖削度越大。适宜的尖削度能建立起坚挺的骨架，有利树冠的扩大，果实负载能力大；尖削度小，骨干枝坚挺程度差，延伸能力弱，果实负载能力小，结果后易下垂。因此，中、大形树冠的主枝要保持一定的尖削度。

尖削度是由骨干枝上分枝的强弱和多少决定的，分枝强而多，骨干枝尖削度大；分枝过强或分布过近，会形成“掐脖”；分枝少而弱，尖削度小，如果其全是短枝，则尖削度很小。

中、大型树冠为了形成坚挺的骨架，在整形期间年年需要对骨干枝延长枝进行适度短截，保持适当间隔配置较壮分枝，以利形成较适宜的尖削度。这就是中、大型树冠主枝上配置几个侧枝和中心干上部要配置 2～3 层主枝的重要原因。

密植小冠树形则完全不同，由于每个骨干枝负载量小和树冠扩大有限，因而尖削度宜小不宜大，对骨干枝进行轻短截或不短截，少配置或不配置大的分枝，对过多分枝进行疏除。有中心干的小冠树形，则要注意培养中心干有适宜的尖削度，以便中心干坚挺直立。

4.1.7 **主从关系和树势均衡** 中心干强于主枝，主枝强于侧枝，侧枝强于枝组，这是从属关系。只有从属分明，才能保持树体结构的牢固和稳定。一般侧生分枝直径与其着生母枝直径之比不超过 0.6 时，结合才牢固；两者粗细相近则容易劈裂。而且侧生分枝越粗，向外延伸潜力越强，生长势越强。

均衡树势是指各级骨干枝势力之间保持相对平衡，同级骨干枝之间生长势力应当相近，如主干疏层形基部三主枝之间。不同级别骨干枝之间应保持一定的从属关系，两者在粗度上应有一定差别，如主枝与中心干，下层主枝与上层主枝、主枝与侧枝，其中一方出现过强或过弱时，还有中心干出现上强下弱或下强上弱、主枝前强后弱或前弱后强时，整形修剪中都要及时进行调整，使之相互之间保持均衡。

树势均衡和保持从属关系，是整形修剪技术中较难掌握的一个方面，其难在于是否会正确判断，只有分析判断正确，才好决定是增强、维持现状或是削弱。一般要增强某骨干枝势力，常采用的方法是适当轻截，多留壮枝，抬高角度，少留花果；削弱时则适当重截或长放，少留壮枝，开张角度，多留花果。

密植采用有中心干时，最主要的是保持中心干对主枝之间有明显的优势，即强中心干弱主枝。分生的主枝或枝组宜细不宜粗，其枝直径与其着生中心干直径之比要小于1/2～1/4。冠径越小分生主枝或枝组越细，与中心干粗度差异要越大。而且，在树势均衡调整上则远没有中、大冠树形复杂。因此，在某种程度上讲，越是密植，整形修剪技术越趋于简单。

4.1.8　辅养枝　辅养枝是树冠内并非骨干枝而留下的一些临时性大枝，其主要作用是：充分利用空间，促进幼树生长，调节主从关系和均衡树势，有利早结果。稀植大冠形幼树阶段保留较多，存留时间也长。当辅养枝影响骨干枝生长和光照时，要及时处理辅养枝，进行疏除或缩剪改造为枝组。

密植小冠形，随着密度增加，冠形变小，辅养枝概念淡化，骨干枝与辅养枝较难区别。如纺锤形，除中心干是永久性骨干枝外，连主枝也并非永久性枝，随着密度增加，主枝调整和更新明显加快，到圆柱形，只有中心干和枝组，更无需区分什么永久性主枝和辅养枝。

4.1.9　枝组　也称单位枝、枝群或结果枝组。在树体结构中，骨干枝构成树体骨架，枝组是着生在骨干枝上的基本单位，是果树叶片着生和开花结果的主要部分。培养枝组是整形修剪工作的重要任务，成形后树的修剪主要是在枝组上进行，包括枝组的培养与更新、生长与结果、衰老与复壮等方面的调节。

枝组按其大小和生长强弱，可分为大、中和小型枝组。目前尚无枝组划分的统一标准，一般按分枝多少、占空间大小、领导枝强弱和枝组基粗来进行分类，分枝多、占空间大、有较强的领导枝即为大型枝组。在这些标准中，分枝多少和占空间大小是关键，有 10 个以上分枝、长度大于 50 cm 的为大型枝组,5～10 个分枝、长度 30～50 cm 为中型枝组,2～4 个分枝、长度小于 30 cm 的为小型枝组,但此标准仅供应用时参考。大型枝组寿命长、难控制、结果晚;小型枝组易控制,结果早,寿命短;中型枝组介于二者之间。大、中型枝组起占领冠内空间的作用,小型枝组起填补大、中型枝组空间的作用,三者互为补充。

按枝组在骨干枝上着生的位置可分为背上、两侧和背下枝组。背下枝组长势缓和,易控制,结果早,寿命短;背上枝组长势强,难控制,结果晚,寿命长;两侧枝组介于中间。目前从提高果实品质和修剪简化角度考虑,幼树可利用背下枝组早结果,多培养两侧枝组,尽量不用背上直立枝组。

按枝组本身其紧凑程度,也可分为紧凑型和松散型两种(图 18)。在枝组延伸扩展中,多次采取回缩修剪,使大、中

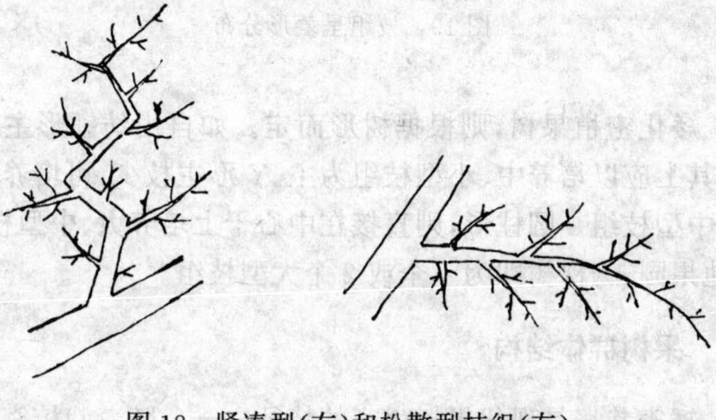

图 18　紧凑型(右)和松散型枝组(左)

型枝组呈"之"型延伸,分枝间距较近,为紧凑型;反之,较少回缩修剪,枝组拐弯少,呈直线延伸,分枝间距较大,则为松散

型。紧凑型枝组修剪较重，结果较晚，修剪较费工；松散型枝组修剪轻，结果早，修剪较省工。过去稀植大冠骨干枝背上和侧斜上多培养紧凑型枝组，排列整齐美观，寿命长。目前从早果、优质、省工考虑，易多采用松散型枝组。

枝组在骨干枝上排列，以呈菱形分布为好，即后部以中型枝组为主，中后部以大、中型枝组为主，中上部以中型枝组为主，先端以小型枝组为主(图 19)。

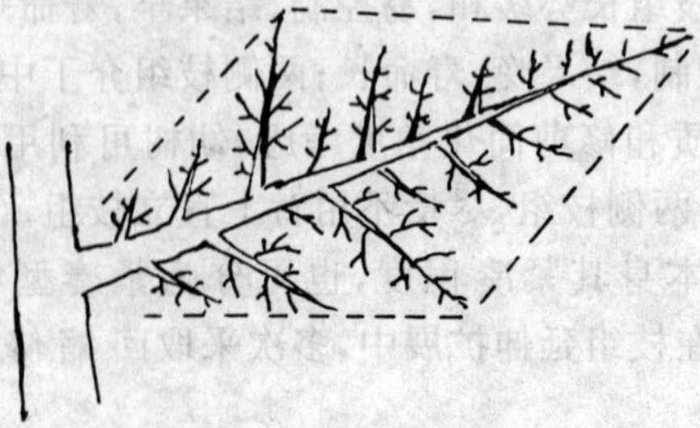

图 19　枝组呈菱形分布

矮化密植果树，则根据树形而定。如自由纺锤形主枝较多，其上应以培养中、小型枝组为主。Y 形主枝少，可培养一些大、中型枝组。圆柱形，则直接在中心干上培养大、中型枝组。草地果园，一棵树即为 1 个或 2 个大型枝组。

4.2　果树群体结构

矮密栽培是现代果树生产的特征之一。随着栽植密度的增加，株与株之间相互连接，整形修剪不仅要考虑单株，还要考虑群体，所以有必要从果树群体结构特点来考虑整形修剪问题。

按照株间群体叶幕的连续性，可分为不连续和连续两大类。在栽植密度不大的情况下，多以单株整形为主，株与株是相互独立、叶幕是不连续的，但树冠大小、形状和株间间隔，也会影响群体的生产力。树冠过大，株间间隔过小，同样会造成果园郁蔽，光照不良，降低产量和品质。

株间群体叶幕是连续的，按其栽植方式和密度不同，也可分为不同类型：单行篱栽，一行树相当一个树篱，树冠株间叶幕相连，行间保持相当间隔，把一行树当做一个整体进行整形；双行篱栽，即两行树体构成为一树篱，由于减少操作通道，栽植密度提高，群体叶幕连续性增强，国内双行带状密植与此相似，但在目前机械操作水平下，带内行间操作不便，喷药质量不高，影响果实品质；多行篱栽，即数行构成为一树篱，树篱间保持大的间隔，以利机械操作，此类型栽植密度进一步提高，群体叶幕连续面更大，世界上一些发达国家如荷兰等正在试验研究；草地果园，目前在苹果和桃上试验已取得进展，由一般亩栽百株左右提高到千株至数千株之多，定植第二年即成园获得高产，其群体叶幕的连续性达到 1～2 年生作物水平。除上述类型外，在一穴栽数株情况下，则把穴内几株树作为一个单位整形，如一穴三株桃树，可将三株变为三个主枝，建造开心形。水平棚架，叶幕厚度薄，树冠间隔可小，群体叶幕也有比较强的连续性。总之，随着栽植密度的增加，株间叶幕由不连续发展为连续，由一行连续发展到数行、甚至更大范围的连续，其早果丰产性能相应得到加强，但处理不当时，也易带来果园郁蔽和果实品质下降等问题。如我国目前密植园，甚至包括中等程度密植园，由于株行距设计和整形修剪的不当，株行距间都已交接，形成无序连续，给栽培管理和病虫害防治带来困难。

果树群体结构随着树龄和一年内物候期的变化而变化，整形修剪应按动态变化采取相应的措施，使果园群体发挥最大的生产潜能和经济效益。

幼年果园植株间隙大，光照充足，生长较旺，不易结果。为加速群体的形成和提早结果，整形修剪的任务是要迅速扩大树冠、增加枝量，提高树冠覆盖率和叶面积指数，修剪上要轻剪多留枝叶。随着植株长大，逐步形成合理的群体结构，此时要注意防止果园郁蔽，则要适当控制枝量、树高和冠径，维持行间有适当间隔和合理的树冠覆盖率。如红富士苹果的覆盖率以60%～80%为宜。果树群体结构随一年内物候期的变化而改变，尤其是落叶果树，由于一年内叶片增长和脱落的消长，变化明显，从春天到秋天，随着果树枝梢和叶片的增长，果树群体截光亮也加大。据福斯特介绍，美国一个苹果园在4月截光量为18%，5月为35%，6月为61%，7月达69%。一般苹果园截光量保持在60%左右为好。对于落叶果树，通过合理整形修剪，可增加短梢比例，有利春季叶面积的增长，扩大早期的截光量，延长叶片光合时间。

5 几种矮密树形及其整形修剪

我国传统果树生产是以稀植为主，与之相适应的树形为大冠形，苹果上多采用主干疏层形、基部三主枝小弯曲半圆形、四大主枝十字形；梨上采用多主干自然圆头形、多主干开心形、疏散分层形；桃等核果类果树常采用各种形式的开心形，如自然开心形、自然杯状形等。这些树形和整形修剪方法，在以往的果树栽培和整形修剪书中都有介绍，稀植果园可按其要求进行整形修剪。

现代果园发展多以矮化密植为主，稀植大冠树形及其整形修剪技术已不能适应生产发展的需要，而且由于其影响导致不少密植园整形修剪上的失误。因此，当前生产迫切需要解决适宜在密植条件下的树形及其整形修剪技术，为此我们将国内外比较适用或有重要参考价值的树形和整形修剪方法做些介绍。

5.1 单层主干形

单层主干形因其像一把倒置的雨伞，所以又称为倒伞形。按此构思我们已在河北省三河市、东光县等一些果园中实施多年，管理较好的近 5 年亩产在 1 000 kg 以上，特别是红富士苹果着色和含糖量均有明显改善和提高。株行距 3～4 m×5～6 m 条件下可采用此树形。

5.1.1 树形基本结构　树形基本结构如图 20 所示，属于有中心干树形，主干高 60～80 cm，基部 3 个主枝，基角 70°左右，向三个不同方向延伸，如果 3 个主枝偏向一方，也可留 4 个主枝，即“三个不圆四个圆”。主枝着生应错落，不宜邻接。株行距 3 m×5 m 条件下，乔化树主枝两侧配置大、中型枝组，成菱形，不要配置侧枝，否则主枝增粗快，向外扩冠难于控制，主枝延伸控制在 1.7 m 以内。株行距 4～5 m×5～6 m 条件下，每个主枝可留一个侧枝。

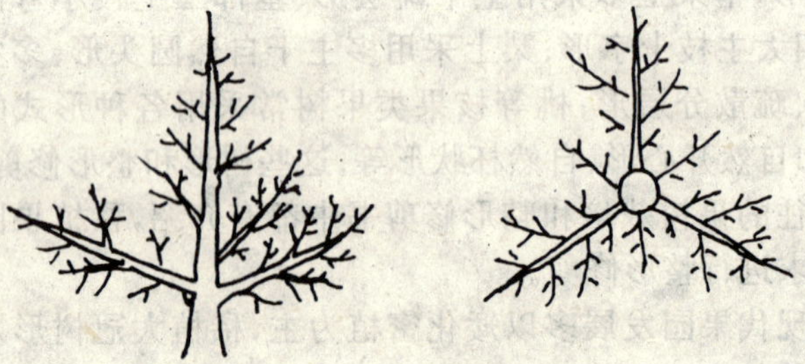

图 20　单层主干形

左：侧视图；右：顶视图

中心干直立，一层主枝以上不配置二层主枝，只配置大、中型枝组 5～7 个，呈圆柱状，树高控制在 3 m 以内。

此树形的主要特点是：①全树光照条件得到明显改善，有利于生产优质果品。由于中心干上无主枝，基部三主枝又无侧枝，相互间隔距离大，光线可直接照射到树冠内膛和主枝基部，所以主枝基部 20～30 cm 处枝组都可形成花芽，开花结果；②控冠较容易，由于骨干枝不配置大的侧生分枝，增粗受到抑制，结果早，为控制树冠扩大创造了条件；③便于花果管理，有利提高喷药质量。由于骨干枝少，树冠内稀疏，树冠较小，授粉、疏花疏果、套摘袋和摘叶等树上管理操作比较方便，喷药质量明显提高。

5.1.2　**整形过程**　定干：定干高度 80～100 cm，剪口下需 6 个以上饱满芽。在适宜范围内定干，定干宜高些，干低主枝离地面近，不利提高果品质量和树下管理。

第一年修剪：注意选好 3 个主枝，基部邻近或错落，水平夹角近 120°为好，角度偏小时可通过人工拉大，二芽竞争枝不宜选作主枝，多宜疏除。生长健壮树，留 50～60 cm 左右短截，剪口芽可留里芽，留里芽不是"里芽外蹬"，而是作主枝延长枝，因为，即使留外芽也需要拉枝加大角度，才能达到整形要求。留里芽拉枝开角同样能达到要求，其优点在于延长枝是里芽，其下 2～3 芽多为侧芽或外侧芽，其生长势弱于延长枝，角度大于延长枝。因此，没有二芽竞争枝，可减轻修剪量。同时减少拉枝开角所需材料和用工，只要主枝角度合适，侧生枝角度一定大于主枝延长枝，即不用再开角。而主枝剪口留外侧芽则不同，一是往往发生竞争枝；二是 2～3 芽侧发枝角度略小于延长枝（图 21）；在拉开主枝延长枝角度同时，还必须拉侧

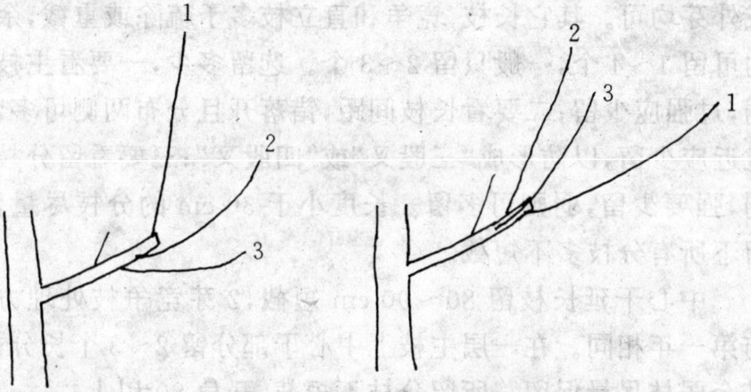

图 21　主枝留里芽（左）和外侧芽（右）短截发枝状态不同

（1，2，3 代表 1，2，3 芽发枝状态）

生分枝角度。根据观察，剪口芽留里芽的，侧芽尤其是外芽侧生分枝萌芽率较高，短枝数量增加快，前期能获得较多的产量。

如果三个主枝不能充分占领空间，也可选留 4 个主枝，或留 1 个较大辅养枝，最多不能超过 4 个大枝，同时要严格控制增粗，以防“掐脖”。

中心干延长枝进行适度短截，生长健壮树留 70～80 cm，2 芽竞争枝一般疏除，当 1 芽枝优势不明显，2 芽竞争枝可留 3～5 芽重截，以利中心干保持优势；如 2 芽竞争枝强于 1 芽枝，可以回缩换头。

第二年修剪：苹果上为增加枝量、削弱长枝长势，应在春季萌芽前后进行刻芽，由于中心干和主枝剪留较长，为防止其中下部不出长枝，可选要分枝部位的侧芽刻 3～5 个，但一定不能多刻。生长季注意对二芽竞争枝进行控制，主枝弱的可摘心，强的可疏除。8 月左右将主枝开角 70°。

生长健壮树主枝延长枝留 70 cm 左右短截，剪口芽留侧或外芽均可。其它长枝，竞争和直立枝多予疏除或重截，余下的可留 1～4 个，一般只留 2～3 个。选留多少，一要看主枝强弱，过强应少留；二要看长枝间距，错落开且分布两侧可多留，过近应少留，以防形成“三股叉”或“四股叉”；三要看留分枝强弱，强要少留，弱则可多留。长度小于 30 cm 的分枝尽量留，留下所有分枝多不短截。

中心干延长枝留 80～90 cm 短截，2 芽竞争枝处理方法与第一年相同。在一层主枝上中心干部分留 2～3 个长分枝，其余弱枝尽量保留。所留分枝不短截，开角 80°以上。

第三年修剪：春季萌芽前后，苹果上一定要抓紧刻芽，中心干和主枝上不短截的长梢分枝，生长势强的，从基部 10 cm 以上部分，可多刻些芽，枝先端部分不刻；生长势中庸的，只刻侧芽；生长势弱的不刻。主枝延长枝，生长势强的比第二年适当多刻。生长季，对中心干和主枝上的侧生分枝，可在 5 月中下旬至 6 月上旬进行环剥，中庸或偏弱的采用环割，抑制生长促进花芽形成。基部三主枝延长枝一般都长放不短截，因主枝长度以达 2 m 左右，开张角度 70°左右，水平投影长度已达 1.5 m 左右，在株行距3 m×5 m条件下，要控制树冠扩大。如果主枝弱，未达此长度要求，仍可轻短截。延长枝以下分枝，背上直立和竞争枝原则上疏除，侧生分枝发生少的例外，可适当少留。一般留侧生分枝 3～4 个。

此时树高已达 3 m 左右，所以中心干延长枝一般也长放不短截，高度不够的可轻短截。其下 2～3 芽竞争枝，在延长枝强时疏除，不强时可疏一重截一，在其下可留 3～5 个长分枝，角度应拉开至 80°以上。

对以前中心干和主枝上留下的侧生分枝，原则上采用单轴延伸方式修剪，即疏除其上较壮分枝，保留 30 cm 以下分枝。一般不要采用回缩修剪。

第四年修剪：全面增枝促花。春季萌芽前后抓紧多刻芽，5 月中旬至 6 月上旬，凡生长健壮均衡的树可进行主干环剥。树势不均衡的，如主枝强中心干弱，只剥主枝；3 主枝间不均衡的剥强主枝，弱的不剥，后两种树上其它健壮分枝大多进行环剥或多道环割。如果全树过旺，还可采用土施或喷施多效唑与主干环剥相结合的方法，以促进花芽大量形成。有条件还可进行摘心和拿枝处理。一般 4 年就可获得适当产量。

因主枝基本确定，树形骨架业已形成，冬剪要全面控制树高和冠径的扩大。中心干延长枝不再短截，将其壮分枝疏除，一般只留 30 cm 左右分枝，使延长枝受到严重削弱，甚至形成花芽，以达到控高目的。主枝延长枝长放不截，其下壮枝也以疏除为主，当主枝角度较小时，注意留一外侧枝，为以后回缩换头开张角度创造条件。

前 4 年的枝组培养和修剪，基本上以缓放主枝和中心干上的侧生分枝为主，背上直立枝多疏除，背下也可选留一部分。枝组修剪以疏放为主，保持单轴延伸，壮分枝多疏除，中、短枝及果枝尽量保留，除个别情况外，一般不采用回缩修剪。

5 年以后的修剪：首先是控冠，维持适宜的树冠体积。控冠的积极措施是以果控冠，逐年增加单株产量。从整形修剪上，中心干延长枝和主枝延长枝采用跑单条修剪的方法，由于疏除壮枝，延长枝很容易变弱，树高能得到有效控制，待其结果先端发不出长枝时，才进行回缩。其次是培养枝组。每个主枝只培养两侧枝组，不要背上枝组，一侧培养 2～3 个大型枝组，全主枝 4～6 个大型枝组，枝组间隔 50 cm 左右。中心干上培养 5～7 个大型枝组，相互错落且分布不同方向，大型枝组由大于 50 cm 以上的壮枝培养而成，在未大量结果之前，以单轴延伸为主，结果下垂之后，后部可留一方向合适壮枝作预备更新枝。中心干上枝组长度保持在 1 m 以内，使中心干上部呈圆柱形。

由于此树形一层主枝以上中心干部分不存在二层主枝，因此，有人担心中心干无法保持优势，其实只要从两方面着手，即使干性较弱的品种也能培养出强中干。一是控制主枝增粗，使其粗度小于中干 1/2，一般就不可能形成“掐脖”；二是在中心干偏弱情况下，可适当多留 2～3 个壮枝，以增强中心干生长势，在达到保持中心干明显优势后，再行疏除或削弱。

5.2 自由纺锤形

纺锤形是当前国际上较普遍采用的一种矮密树形，在株行距 3 m×4 m 或 3 m×5 m 条件下，比较适用的是自由纺锤形。

5.2.1 树形基本结构 其结构如图 22 所示。全树有一个较直立的中心干，国外纺锤形由于立支柱，并不过分强调强中心干，我国目前要做到每株立支柱尚较困难，因而强调培养直立的强中心干。树高 2.5 ～3 m，冠径 3 m 左右，在中心干四周培养多数短于 1.5 m 的近水平主枝，主枝数量 12 个左右，不分层，下长上短，呈广圆锥形，同方向上下主枝间距不小于 50 cm，主枝不配置侧枝，直接着生各类枝组，多为中小枝组。

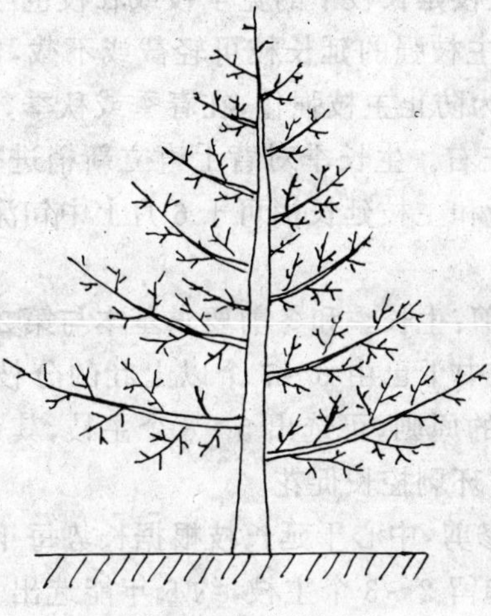

图 22 自由纺锤形

5.2.2 **整形过程** 定干，定干高度80～90 cm，干高不宜过矮，在苗偏弱情况下，可适当重截，次年重新定干。

第一年修剪：确定中心干。剪口芽发枝壮时尽量选其为中心干，若剪口芽枝弱于2芽竞争枝，回缩选2芽枝为中心干。在生长健壮条件下，留70 cm左右短截，2～3芽竞争枝要疏除。第一年可选留3～4个互不重叠的长枝，在枝数不够条件下，2～3芽竞争枝可留橛重截，以便次年发长枝补充。选留长枝留50 cm左右短截。

如果第一年生长旺盛，可在6月上旬左右，在中心干延长新梢30 cm以上部位，选不同方向并保持适当间隔的3～4芽涂抹发枝素，由于生长季已发出较长副梢，冬剪时可适当长留。

第二年修剪：冬剪时同样选好中心干延长枝，留70 cm左右短截。由于涂抹发枝素已发出数个长枝的，适当长留。竞争枝要疏除。主枝延长枝下的竞争枝或壮枝也应疏除，只留两侧中庸分枝。主枝强的延长枝可轻截或不截，偏弱的适当中截，以利发枝。为防止主枝强化，在春季或秋季，必须将分枝角度开张到80°左右。生长季对背上直立新梢进行疏除或多次摘心。对中心干和主枝延长梢可于6月上中旬涂抹发枝素，增加分枝。

第三年修剪：生长季和冬剪要求基本与第2年相同。由于2年修剪，一般中干已由6～7个以上壮的分枝，根据错落分开和螺旋上升的原则，可选出5～6个主枝，其余壮分枝或疏除，或有空间可环剥控长促花。

3年以后修剪：中心干延长枝根据长势每年适当短截，疏除竞争，每年选留2～3个主枝，约5年能选出12个，基本完成整形过程。当树冠高度接近要求前，中心干延长枝可长放不截，其它壮分枝多疏除，以削弱延长枝长势，当头弱结果后，可适时落头。上下部主枝，原则上都应保持单轴延伸，壮分枝应疏除。下部主枝最初1～3年需短截，上部主枝长放不短截，形成下长上短，上部主枝开角也稍小于下部主枝。

自由纺锤形整形还有其它修剪方法。方法之一是定干与上述做法相同，其不同之处在于第一年冬剪时，除中心干长留轻剪外，其下发生的壮分枝一律留2～3个饱满芽重截。第二年冬剪时，在从第一层重截发出的长枝中选出主枝，中心干延长枝长留轻截，对2年生中心干上发生的壮分枝仍留2～3个饱满芽重截(图23)，第三年再从二层重截发出的长枝中选留主枝，以后依此类推。其它修剪要求与其前一种方法相同。此法优点是选留主枝与中心干不同步进行，主枝晚一年选出，因

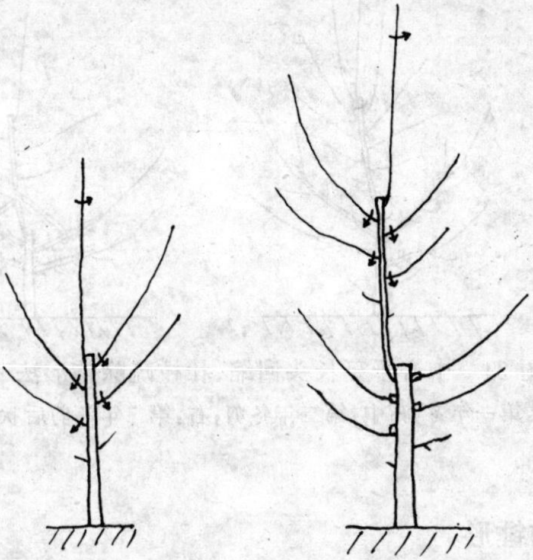

图23　对当年发生壮侧分枝重截，次年再从重截上发出枝中选主枝

左：第一年冬剪状；右：次年冬剪状

此，拉大了中心干与主枝粗度的差异，主枝较细，有利控制冠径的扩大。同时也有利于解决中心干上秃裸问题。

方法之二是定干与前述相同，第一年冬剪时将主干顶端2～3 芽枝缩剪，留 2 或 3 芽枝当延长枝，其下过壮枝疏除，留3～4 个中庸健壮枝当预备主枝，不短截。第二年冬剪与第一年相同，仍将中心干先端 1～2 芽枝缩剪换头。过壮枝疏除，选留 3～4 个中庸健壮枝当预备主枝，长放不短截，疏除背上直立或其它分生壮枝，保留单轴延伸(图 24)。此法特点是整形过程中年年缩剪，因此，中心干呈弯曲上升，同时促进下部多萌芽发枝，避免下部秃裸发生。缺点是主枝生长势容易变强，增加主枝控制难度。

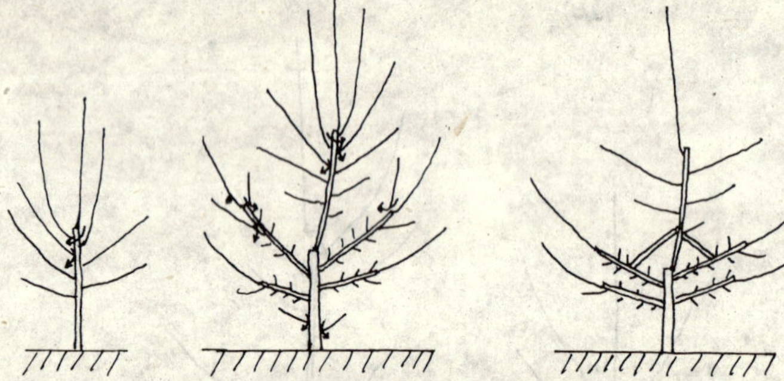

图 24　中心干延长头回缩、壮枝疏除整形法

左：第一年冬剪；中：第二年冬剪；右：第二年冬剪后状

5.3　细长纺锤形

利用矮化砧或矮化中间砧、短枝型进行较高程度密植时，如株行距为 2 m×4 m 或 2 m×3 m 时，适宜采用细长纺锤形。

5.3.1　树形基本结构　基本结构如图 25 所示，有直立中心干，树高 2.5 m，冠径 1.5～2 m，在中心干四周培养长度短于 1.2 m 以下的主枝 15 个以上，主枝角度80°～90°，其基部粗度与中干粗度之比应小于 0.5。实际每个主枝相当于一个大型枝组，每个主枝上以配置小型枝组为主，树冠下部主枝略长于上部，外观呈细长纺锤形(图 25)。

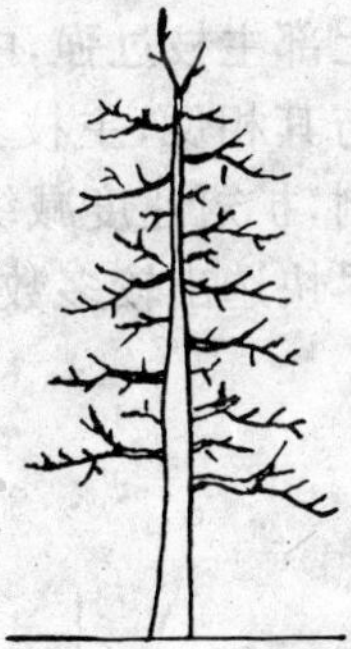

图 25　细长纺锤形

5.3.2　整形过程　在苗健壮条件下，定干高 1～1.2 m。苗弱则可适当矮些，总之，细长纺锤形定干宜高些。

第一年修剪：萌芽前后对壮苗可适当刻芽，促使发出较多新梢。距地面 50 cm 以下萌发梢全部疏除。生长季当新梢长至 30 cm 左右时，可将竞争枝疏除，其余枝用金属矫正器或用绳拉枝至 80°～90°。生长季修剪跟不上时，冬剪再进行调整。如中心干延长枝长至 1 m 以上的可不短截，短的可留50～60 cm短截。发枝健壮时 2 芽竞争枝疏除，2 芽竞争枝强于 1 芽时，可换头。其下部主枝开张至 80°～90°，不进行短截。

第二年修剪：萌芽前后同样对中心干延长枝适当刻芽，夏季疏除中心干和主枝上竞争枝，主枝还要疏除背上直立枝。冬剪时中心干延长枝不短截，疏除上部竞争枝。主枝同样要疏除竞争枝和背上直立枝。

第 3～4 年修剪：基本与第二年修剪相似，对过粗的侧生分枝要疏除，确保中心干优势。大体 4 年即能完成整形任务。

根据日本整形修剪试验，以图 26 为例，其 2～3 年剪法，上图是失败的，下图是成功的。上图是利用 2 芽竞争枝换头，并进行短截，其下长枝拉开角度。下图则是保持原头不短截，其下壮分枝疏除（需出分枝处可留橛）。两种整形方法相比，显然上图剪法主枝过强，与中心干粗度之比拉不开距离，同时由于上部主枝过强，中心干中下部芽不宜萌发呈秃裸状。下图剪法与其相反，主枝基角大，与中心干粗度之比拉大，长势容易控制，扩冠速度减缓，中心干中下部芽容易萌发，不宜秃裸，有利尽快选出较多数量的主枝。

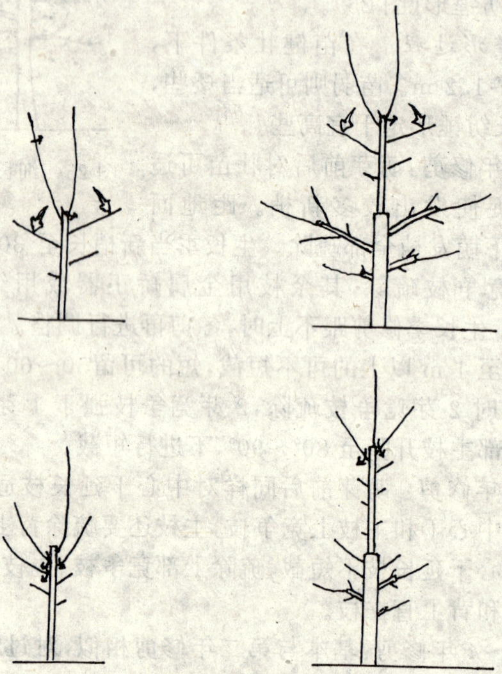

图 26　日本细长纺锤形的两种整形方法

上图：失败剪法；下图：成功剪法

左为定植一年后冬剪；右为定植两年后冬剪

现在,国外在桃上也有采用细长纺锤形的。桃由于干性弱,要立支柱,帮助中心干直立,桃与苹果不同,可大量利用副梢整形,在生长季和冬季修剪时,疏除过壮副梢,生长季可通过拿枝或拉枝开张角度。中心干和主枝都不用短截。

5.4 细型主干形

细型主干形是日本长野苹果实践家永田正夫创造的一种树形,成形后与桧柏自然树形相似,应用于 M9 为矮化中间砧的树上,行距为 3.5～4 m,株距为 2 m。亩产为 6 000 kg,高产达 8 000 kg。因其整形修剪方法有独到之处,故作简单介绍。

5.4.1 树形基本结构　树形基本结构如图 27 所示,有直立

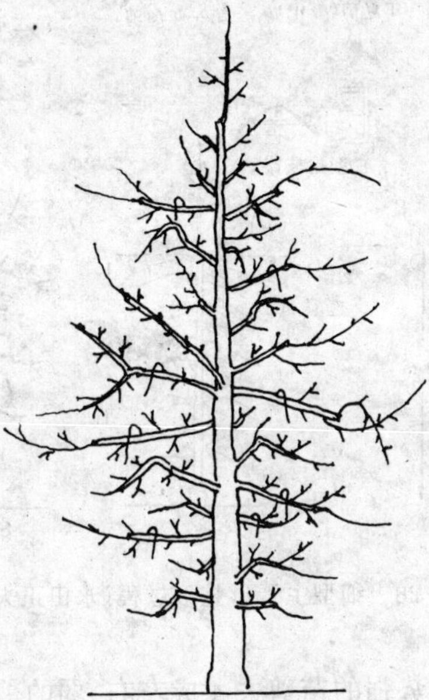

图 27　细型主干形基本结构图

中心干，冠径小于 2 m，株间不交接，全树配置 15 个以上大、中型枝组，结构与细纺锤形相似，但树高比细纺锤形要高，一般在 3 m 以上。需要立支柱。

5.4.2　**整形过程**　细型主干形整形过程如图 28 所示。

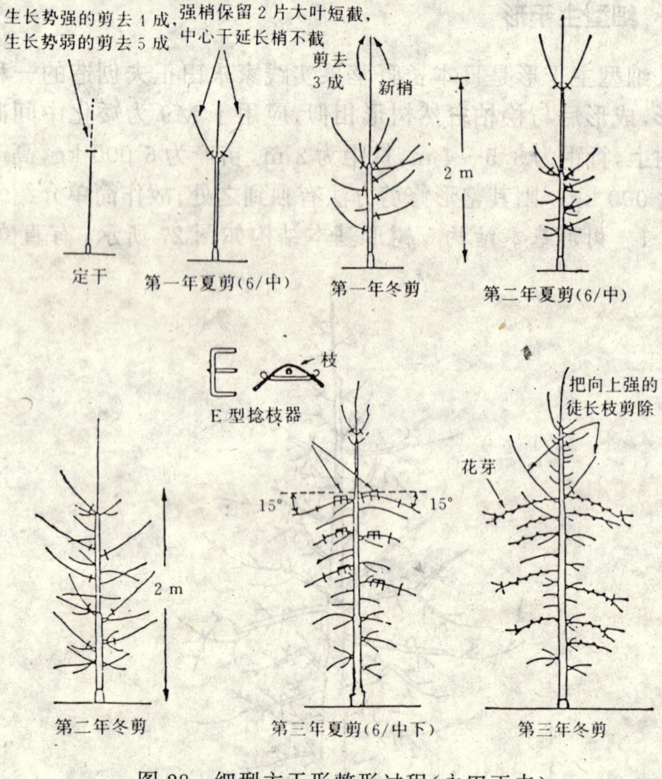

图 28　细型主干形整形过程(永田正夫)

定干：生长势强的苗剪去 4 成左右，弱的剪去 5 成。

第一年修剪：由于定干修剪较重，一般先端能发出3条强势新梢，到6月上中旬，当其长到25 cm左右时，保留中心干延长梢，把2～3芽等强梢只保留基部2片大叶进行重截。保留的中心干延长梢必须立支柱，维持垂直延伸。冬季修剪为增强中心干先端优势，根据树势情况，至少要短截掉3成左右。其余侧生分枝，凡强枝保留2芽、较弱保留4芽进行短截，其它弱枝、短枝则保留不动。

第二年修剪：夏剪与第一年相同，即在6月中旬当新梢长至25 cm左右时，除保留中心干延长梢不剪外，其余一年和二年生枝上发生的强梢仍留2～4芽进行重截，弱梢长放不动。由于中心干适度短截，侧生强枝连续重截，有利保持中心干优势，一般到第二年冬季树高能超过3 m，侧枝发生也有相当数量。中心干高度已超过3 m的长放不再短截，对当年发生众多的侧生分枝，仅将过强枝条剪除，其余枝条只要不过密的应尽量多留。当中心干未达到3 m时，仍要进行适度短截。

第三年修剪：虽然中心干先端未短截，只要先端发生强的侧生分枝，在6月中下旬仍要进行重短截，以保持中心干优势。对下部发生的侧枝则要保留。对冬剪保留下的侧生分枝，到6月中下旬长的达2 m左右，此时用E型捻枝器卡在侧枝基部，使侧枝先端与水平面成15°左右的角度下垂，并根据生长强度进行短截，一般剪去枝长的3～5成，以促使形成较多的花芽。如枝条生长势强，即使进行短截，先端仍会发生强梢，不利果枝形成，此时则要在侧枝基部环割1～3圈，以控制长势，促进形成较多的花芽。为促花一定要在形成花芽时期内进行，如果为控长则在较长时间内都可进行。

第三年冬剪：把当年延伸的中心干先端部分向上徒长枝、

强枝从基部疏除，以维持中干优势。先端回缩修剪高度要维持 3 m 左右。对夏季由捻枝弯曲部分冒出强的徒长枝、直立枝要疏除，对其先端一般不短截，但要疏除其上强的分枝。

至此，树形基本构成，并开始结果。此树形整形最大特点是定植 1～2 年内，连续对强侧生分枝在夏季和冬季进行重短截，有力地控制住侧生分枝的生长势，与中心生长势差距拉大，为培养细型主干形奠定了基础。第三年夏剪则转入促花阶段。

进入结果期后，应尽量少用夏剪。但对生长势过强的树，只靠冬剪控制是不够的。因为一般向上长的强枝，冬剪几乎都要剪去，这些地方次年仍然会长出强枝。对强梢还是要重短截的，但对先端延长梢不能短截，使该枝成为“一根棍”枝。此夏剪方法的好处是不易使枝中下部短枝受刺激而开始二次生长，从而利于花芽形成。在成年树用于对长势过强枝的控制，即夏天将冬剪所剪除强枝上的壮梢重截，使之成为“一根棍”，冬剪时再剪除，可显著减轻冬剪的刺激作用，这是永田正夫用于控冠和更新侧枝最常用的方法。当然在一株树上一次剪去许多新梢，仍然会促使停长短梢再次萌发生长，因此，总量必须加以控制，永田正夫认为以发生叶片数量的 5%左右作为剪除的限度，由于“一根棍”枝先端生长势强，而后部枝条才能保持稳定。

刻伤和环割是采用的另一项夏剪措施。整株树势过强时，于新梢展开 8～10 片叶时进行，在主枝基部用锯子把接穗基部的形成层呈环状完全切断。对中干和侧枝光秃及强旺侧枝也可采取刻伤和环割的方法。

冬剪用于整治树形，保持中心干、侧枝、结果枝之间的平衡。侧枝粗的要控制，侧枝在中心干的分布呈锯齿状较好，有长有短，既利于通风透光、生产优质果实，又便于侧枝更新。株与株之间保持一定空间，同样有利果实品质、花芽形成和枝条充实。不要将枝长放出去，等交接再回缩会产生较强的刺激作用，不能得到稳定产量。

6 密植果树修剪技术

6.1 幼树早果丰产的修剪技术

据 1996 年全国水果生产工作会议报告指出，全国还有 40%幼龄果园没有投产，即约 4 800 万亩。如何使幼树尽量早投产，是目前生产中亟待解决的问题，这其中绝大部分是密植果树。一般讲，栽培密度越大，越要早结果丰产，早果丰产是生产者的要求，也是控冠的积极有效措施。早果丰产是靠综合栽培技术措施，修剪是其中重要的一个方面。

6.1.1 *应用圃内整形苗* 国内外早果丰产技术的重要经验就是栽植壮苗、圃内整形苗。培育壮苗的基础是肥水管理，修剪上是在苗木生长后期要适时摘心，摘心后有利苗木增粗，也有利促进根系的生长。

国外圃内整形苗，多是二年生苗，苗木株行距较大，第一年冬季适当短截(定干)，第二年秋，即成为带分枝的苗。国内采用二年生苗较少，在苹果等树种上可采用发枝素涂抹技术，培养出一年生带分枝的苗。具体做法是苗木长到 1 m 左右时，可用发枝素涂抹侧芽，高度在 60～80 cm，一般选不同方向涂抹 4～5 个侧芽，一周后即可萌发，北京地区涂抹时间为 6 月中下旬，过晚发枝弱。也可采用摘心促发分枝，摘心同时还可摘去顶端 2 片幼叶，此点在梨上尤为重要。像桃等具有早熟性芽的树种，长至定干高度适时摘心，可利用副梢进行圃内整形。

6.1.2　*促长增枝*　营养生长是生殖生长的基础，要早结果丰产必须促进树体健壮快长。定植时施足有机肥，生长期适期追肥，是幼树健壮生长的物质基础。树体本身枝叶量大，生长才能快。不同树种具有不同的生长潜势，桃树萌芽力和成枝力都强，芽又具有早熟性，一年能发多次副梢，因此，树冠扩大和枝量增加的快，有利早果丰产。苹果和梨等，萌芽力和成枝力相对较弱，芽又具有晚熟性，迅速增枝有一定难度，而且要求在总枝量中，中、短枝要占有一定比例，才能形成一定量的花芽。如红富士苹果，幼年树亩产量要达 300～500 kg，亩枝量要求为 1.5 万～3 万，长枝（16 cm 以上）、中枝（6～15 cm）、短枝（5 cm）以下的比例为：2∶1∶7，即中、短枝占 70%，其中优质短枝（具有 4 枚或 4 枚以上大叶）的应占 60%～70%。由于幼树生长旺，一般长枝多，如何迅速提高中、短枝在总枝量中的比例，增加花芽分化数量，是修剪要予以解决的关键问题。目前生产上常采用的措施有：

（1）不定干、高定干和不抹芽　幼树是修剪越轻枝叶量越大。根据河北省吴桥县姚庄建立的 100 亩现代化篱壁式果园看，苹果不定干比定干的树，增粗快、树冠大、枝量多。在保加利亚参观时，看到的元帅系和金冠系短枝型苹果园，多数不定干，一般三年结果。国内密植园，苗壮时定干高度可留 80～100 cm，不抹芽，见枝就留，目的是增加枝叶量，促进幼树快长。

（2）冬季修剪以轻剪长放开角为主　在密植条件下，各种果树大多以轻剪为主，轻剪有利于长树增枝，生长势力缓和。以苹果、梨为例，目前较流行的是少动剪子多拉枝，在篱壁式苹果园依靠树竹竿绑直，保持顶端优势，只疏除侧生过强枝，其余枝开角70～80°，引缚于铁丝上。无篱架情况下，一般只对中心干和主枝实行轻截（主枝壮或不需继续延伸的不短截），其余枝条基本不疏，统统采用开角拉平方法处理，对成枝力低的树种和品种，定植后1～3年内应通过短截增加长枝数量，长枝多，芽量就多。如苹果、梨1 m长枝可有40个左右的芽。这才能为迅速增加枝量奠定基础。成枝力强的品种，应适当疏剪。不过从简化、省工和今后整形考虑，过强的竞争枝、背上直立枝和过密壮枝，还是及时疏除为好，留着的弊端是夏季修剪费工，稍有疏忽，不但不能早结果，反而扰乱树形，再疏除时留下大的伤口，对树生长不利。

（3）春季多芽刻伤和多道环切　对于萌芽力较差的苹果品种，幼树2～3年生时采用，增枝效果特别显著。操作时应注意：刻芽、环切只在壮枝上应用，细枝、弱枝不宜采用；最好用钢锯条，在芽上方距芽上部2 mm处拉一下，以轻伤木质部为度，不宜用快刀，因其愈合快，促芽萌发效果差。刻芽宜在萌芽前后进行，过早刻芽枝易抽干。刻芽和环切后的枝不要急于拉平，以防折断。先拉平的枝，刻芽以两侧芽为主，背上芽可不刻。多芽刻伤和多道环切虽增枝效果显著，但对树或枝有较强削弱作用，应以能维持树正常生长为度，并能保持适度长枝比例。

（4）夏季修剪　苹果上摘心、拿枝具有明显增枝和一定的促花效果。摘心宜在竞争枝、直立枝上应用。一般新梢长至15 cm时即可进行，为促发多的分枝，摘心后可再摘除1～2枚幼叶，以后当萌发新梢长至10 cm以上时可再摘心，摘心次数多，增枝就多。拿枝宜在角度小的长梢上应用，春末夏初新梢长至 30 cm 以上时即可进行，拿枝早的，当年就能促发出一定数量的副梢。秋天拿枝一般当年不萌发副梢，但能提高次年的萌芽率。

(5)开张角度　对主干和中心干上侧生角度小的新梢，在其半木质化前，用竹牙签开角，距新梢 5 cm 左右处，将竹签插入中干和新梢皮层，一般不易脱落，是一种简易的开角方法。或用 W 形或 S 形开角器进行开角，抑制其生长，保留作侧生分枝。对 2 年生以上枝条，拉平角度适宜时间为夏末秋初，此时短枝不易冒条；如果开角过早，容易刺激短枝冒条。

(6)化学控制　应用化学增枝的主要药剂有 6-卞基腺嘌呤(BA)和普洛马林($BA+GA_{4+7}$)。在苹果幼树迅速生长期喷布，能刺激新梢侧芽萌发，显著增加枝量。BA 喷施浓度为 600～800 mg/L，能使 2～3 年生幼树枝量增多 2～8 倍，短枝为同期人工摘心对照的 3～3.5 倍，但由于药剂成本高，不宜生产上大量应用。经过我们研制，以羊毛脂为基质，BA 为主要成分，将其配成发枝素软膏，采用涂抹办法可促进新梢侧芽、停长短梢顶芽和潜伏芽萌发，由于成本低，方法简单，生产上已大量应用。

具体用法是在新梢迅速生长期，用竹签挑起绿豆粒大小的药膏，直接涂抹于新梢侧芽或停长短梢顶芽芽体上，叶柄架空无效。涂抹后 1 周左右芽体萌动，促进萌芽率达 90%，操作合理可达 100%。涂后不怕雨淋，不需作任何保护。一般每 1 kg药可涂抹 8 000～10 000 个芽，每芽成本约 1 分钱。

发枝素与人工摘心促发副梢不同，涂抹发枝素不用摘心，在新梢正常延伸情况下促进侧芽萌发；摘心只能是顶端 1～3 芽萌发，发枝素能使任何部位的饱满侧芽萌发，萌发副梢量可远远大于人工摘心；摘心促发副梢夹角小，发枝素促发副梢夹角一般在 50°以上。

涂抹发枝素可做到定位发枝，加速幼树整形，减轻冬季修剪量。定位发枝是从整形考虑，需要那个芽、枝萌发就涂抹促进其萌发成枝，以完满树冠，有利整形。如苹果短枝型品种，主干短截后常只发 2～3 个枝，不能满足整形要求，如图 29 所示，左侧缺一主枝，此时可选择主干左侧一在 6 月已停长短梢 A，将发枝素涂抹其顶芽可促进萌发成梢。也可在主干延长梢中下部，选一饱满侧芽 B 于 6 月份涂抹，同样可促发成梢。也可同时涂抹 2 个芽，更能保证补充左侧发出适宜作主枝的新梢。

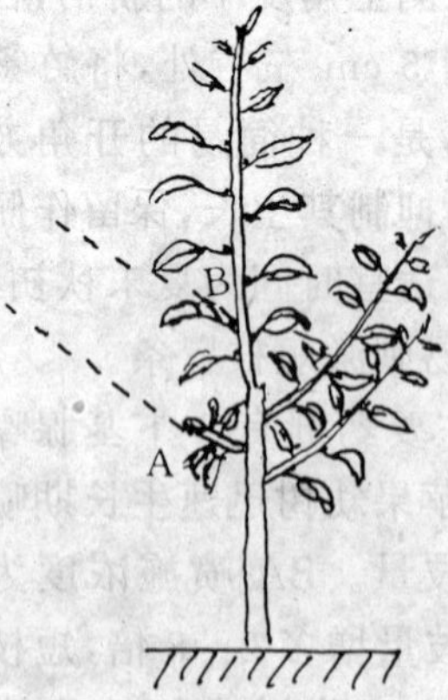

图 29　定位发枝示意图
（虚线为涂抹发枝素发出的弱梢）

加速整形则是在幼树生长旺盛条件下，一般新梢年生长量在 1 m 以上，当年可使其中心干上发出二层主枝、主枝上发出侧枝。如图 30 所示，涂抹发枝素，当年就发出侧生分枝，因而中心干和主枝可留 80～100 cm 进行短截；如果不涂抹发枝素，自然生长状态下是很难发出侧生分枝的，尽管当年骨干枝很长，由于要考虑次年在适宜部位促发侧生分枝，中心干和主枝只能留 50～70 cm 进行中截。这样涂抹发枝素不仅能加速整形，而且能明显减轻冬季修剪量。

涂抹发枝素还可控制促发梢的长短。需要发长梢时，适当早涂抹、同一新梢少涂抹，如北京地区宜在 6 月份涂抹，一个新梢上涂抹 2～4 个芽，一般副梢可长达 30～50 cm。如果需要多出中、短枝，特别是在辅养枝上，可多涂抹和适当晚涂抹，根据经验 100 cm 长新梢可涂 10 个芽左右。只要新梢保持一定生长速度，在 7～8 月涂抹的发中、短枝就多。

根据北京市十三陵农场对 200 株树调查结果，3～5 年生红富士苹果连续 3 年涂抹发枝素，每株由发枝素促发枝量达 260 余个，根据 100 株树调查，每株树由发枝素促发枝上结果 48 个。由此可见，苹果幼树涂抹发枝素不仅能显著增加枝量，而且有利早果丰产。

发枝素在甜樱桃、梨、山楂等果树上应用，也有类似结果。

多效唑（PP_{333}）是一种植物生长延缓剂，目前生产上应用较广泛。苹果幼树上应用，具有抑制营养生长、增加短枝和总枝数量、促进花芽分化的作用。根据北京市南郊农场试验，3 年生红富士苹果每株春季土施多效唑有效成分 2.25 g，4.5 g 和 6.75 g，除 6.75 g 处理因施量过大，总枝量基本未增加外，其余二个处理分别比对照增加 71.1%和 52.5%，而短枝量占当年总枝量的比例都有明显增加，分别为 81.2%，74%和 70%，对照只有 57.7%。次年进一步增加，分别为 81.7%，85.8%和 95.2%，对照只有 47.2%。桃树试验也有类似结果，如河北省新乐县在 4 年生大久保桃树上，春季施多效唑有效成分 1.5 g，中、短枝量占总枝量的 94%，而对照只占 13.4%。

多效唑的施用量及其效果与果树种类、品种、砧木、树龄和土壤条件有关，也因施用时期、浓度、方法不同而异。桃树、樱桃、杏、李等核果类果树比较敏感，起作用的时间较快，处理当年即产生明显效果，而苹果和梨起作用的时间较慢，土施往往要在处理后的第二年才有明显效果。同一树种不同品种也不一样，苹果短枝型品种与相应的乔化品种相比，反应也较敏感，要达到同样效果，短枝型施用量可减少 30%。同一品种不同砧木其反映敏感性也不相同，M_{26}作砧木的富士苹果比MM_{106}作砧木的要敏感，而嫁接在乔化砧上其敏感性更差，因而要适当多施。幼树比成龄树要敏感，所以幼树上应用具有省药、省工且容易控制。

多效唑可以通过根组织吸收，并运输到地上部起作用，因而可以土施。土施要考虑土壤状况，一般讲沙壤土施用效果稳定，起作用较快。粘土或土壤中有机质含量较高时，有较强的固定作用，起作用时间较晚些，因此，要适当多施，而且不能与秋施基肥同时施入。土施剂量以每平方米树冠投影面积 0.5～1 g有效成分，具体到桃 3～5 年生幼树，每株施有效成分 1.5～3 g，如以有效成分含量为 15%的多效唑计算，即为每株 10～12 g。乔化富士苹果 2～3 年生土施有效成分 1～1.5 g，4～5 年生为 2～3 g。土施入量不足，未能达到抑长促花作用，施入量过大，抑制作用过强，甚至发不出长梢，严重的可持续 2～3 年，反而达不到增枝和早果丰产的目的。因此，各地应用时，应参考上述剂量进行不同施用量的试验，找出最佳施用量再大面积推广。施入方法，一般是在树冠投影内开浅的环状沟，将多效唑兑水施入，然后覆土。为确保用量准确，要按每株用量称准，而且要均匀浇在沟内，如果浇灌不均匀，一边多一边少，多的一边抑制严重，而另一边效果不显著。施入后及时灌水，有利多效唑的流动，促进果树的吸收和运转，提早起作用的时间和加强其效应。土壤干旱不及时灌水，则难于发挥作用。

叶面喷施则不受土壤条件和灌水的制约，比土施作用时间快，作用时间能得到控制，如一次未达到预期目的，还可再喷施第二次。喷施程度以叶片滴水为度。叶面喷施常用浓度范围为500～2 000 mg/L。果树对多效唑的反映程度与施用总量有关，因此，同样喷施一次，高浓度比低浓度作用强。而低浓度多次喷施比一次高浓度同剂量作用要强，因为多次喷施更有利叶片对多效唑的吸收。即2 000 mg/L一次不如1 000 mg/L二次作用强，二次1 000 mg/L不如500 mg/L喷施4次强。如要发挥叶施效果快和土施作用时间长的各自优点时，也可两者配合施用，各自剂量要相应减少。如与晚剪、多芽刻伤、环剥、拉枝等夏剪相配合，施用量可适当降低。

除多效唑外，新的还有伏康唑，其活性要比多效唑高2～4倍。乙烯利也有增枝和促花作用。

6.1.3 促进花芽形成 幼树能否早果丰产的关键是要形成足够数量的高质量花芽。促进幼树早成花多成花的基础是综合配套的栽培技术措施，根据长树增枝的要求，多施有机肥，一年中春季以氮肥为主，夏末以磷钾肥为主，前促后控。为长树增枝而施用过多氮肥是不对的；反之认为幼树不必施肥，树弱才易成花也是片面的，一般讲，在花芽分化关键时期，适当控氮、控水、抑长，增施鳞钾肥是必要的。

就修剪而言，上节中长树增枝的冬剪、夏剪及化学控制技术，本身就有利花芽形成，如冬剪中的疏剪、长放、开角；萌芽前后的刻芽和多道环切；夏季修剪中的摘心、拿枝；化学控制中的涂抹发枝素，其促发梢中当年就有少量梢可形成花芽。除此外，以下几项修剪技术更有助于促进花芽的形成。

(1)扭(枝)梢　据河北农业大学调查扭梢对5年生红富士苹果成花的影响,扭梢当年成花率仅为4.7%,次年扭梢枝成花率高达40.9%。据山东省烟台市苹果树的试验结果,扭梢当年红富士成花率为16.1%,次年成花率为10.7%。扭梢的成花效果,在红富士苹果各品系间也有一定差异,据北京市林果所试验,长富2扭梢成花要比长富6多些。王林苹果因枝脆,不仅扭梢易断,而且成花率也不高。总之,扭梢虽有一定促花效果,但不同品种、品系和地点,其效果也不同。从扭梢后效果看,由于枝背上存在一排直立扭梢枝,严重影响光照和两边侧枝的生长发育,为改造扭梢造成的弊端,我们的做法是逐步疏除,打开光照,促进两侧结果枝组的发育。

(2)环剥　环剥是促进苹果幼旺树成花的重要手段,目前在梨幼旺树也有应用,有的甚至在桃、李幼旺树上应用,但由于易产生流胶等原因,应用时应持慎重态度。

根据我们在红富士苹果幼旺树上研究表明,适宜环剥时期宜在盛花后24～45天进行,具体在北京地区是5月中下旬至6月上旬。1990年在北京市海淀区树村5年生乔砧红富士苹果上试验结果是,5月中旬环剥平均单株成花111个,5月下旬为112个,6月上旬成花90个,6月中旬成花只有38个,与对照成花33个已无明显差异,事实表明北京市6月中旬环剥对红富士成花无效。此点与红富士苹果花芽生理分化期是相一致的,1992年在同一果园中,采用不同时期摘除幼果和叶片,研究红富士苹果花芽生理分化期,自盛花后14天开始到盛花后34天摘除幼果,都可显著地增加红富士苹果短枝花芽的形成,盛花后45天摘除幼果,不仅促花效应消失,而且有抑制成花的效应。盛花后45～65天分别摘除叶片,明显抑制短枝的花芽形成；盛花后77天开始，摘除叶片对短枝花芽形成没有影响，表明花芽生理分化期已经结束。从而初步认为红富士苹果短枝花芽生理分化期是从花后34天后直到盛花后77天结束。同时不同时期GA_3处理也得到相同的结果。盛花后34天为5月30日，盛花后45天为6月10日，此事实证明环剥时期必须在花芽生理分化期间或其前才有效。

环剥与树龄、生长势和栽植密度关系密切。苹果幼树1～3年生不宜环剥，弱树、病树也不宜环剥，一般只在生长健壮幼树上应用。具体讲，干周应达20 cm左右，树上新梢年生长量应在50 cm以上，并具有一定数量短枝，才能获得良好的促花效果。栽植密度越大，主干环剥宜早些进行，栽植密度较稀，宜晚些进行。如株行距3 m×5 m，一般宜在4年生时开始环剥。至于局部环剥，不受年龄限制。

(3)化学控制　生产上用于促进花芽分化的生长调节剂，主要有多效唑、乙烯利和矮壮素(CCC)等。

多效唑对促进幼树花芽分化也有效，因为其能抑制赤霉素的前导物贝壳杉烯到贝壳杉烯酸的氧化过程，减少顶端分生组织中的赤霉素的产生，从而有利花芽分化。对5年生红富士苹果5月20日喷布1 000 mg/L，平均每株花芽数为96.7个，对照为41.7个，处理为对照的231.9%，多效唑+环剥，平均每株花芽数为280.3个，为对照的672.2%。土施同样能促进花芽分化。

乙烯利，又名乙基磷。是通过释放乙烯而起作用。一般在花芽生理分化期喷布较好。据烟台果树所研究，当春梢生长20 cm时，对4～6年生青香蕉、元帅、国光喷布1 600 mg/L乙烯利，成花率增加18.5～150倍。在春梢旺盛生长的5月中旬，对 3 年生长富 2 苹果喷布 1 500 mg/L 乙烯利，提高成花率达 8.3 倍。但乙烯利促花，最好在未结果的幼旺树上应用，以免引起花果大量脱落。

矮壮素可促进苹果、梨、桃等果树的花芽分化。据于绍夫等试验，对 3～7 年生金冠、国光苹果幼树，于 6 月上旬至 7 月上旬，每隔 10 天喷一次 0.8%～1.2%的矮壮素，共 3～4 次，成花率为对照的 162.6%～240.7%。

6.1.4 防止幼树抽条的修剪技术　北方幼龄果树越冬后枝干失水干枯的现象叫抽条，亦称灼条，轻时 1～2 年生枝干枯死亡，严重时主干干枯死亡，然后从主干基部重新萌发生长。如发生此类问题，就谈不上促长增枝，更谈不上早果丰产。北方苹果、梨、桃、葡萄、柿、板栗、核桃等都有抽条问题。

抽条是冬春期间、主要是早春由于土壤水分冻结或地温过低，根系不能或极少吸收水分，而空气温度回升较快，致使地上部枝条蒸腾较强烈，使植株严重失水而造成的。生产中常用的防抽条措施有：越冬前将苗埋入土中；越冬前灌足冻水；在定植株西北方向打一月牙形防寒埂；植株根部地表铺地膜；树上枝干缠纸或喷高脂膜；夏末和秋初不要施氮肥，也不要间作秋季需大肥大水的作物，如白菜、萝卜等；注意防治浮尘子。在采用综合防治农业技术措施的基础上，修剪技术也有积极防止抽条的作用。在北京一般于 8 月下旬至 9 月中下旬对未停长的新梢进行全面摘心，摘心后如萌发嫩梢，可将嫩梢再剪掉。在 7～8 月对长梢可进行拿枝软化，将辅养枝拉平，以控制生长，充实枝条。生长后期 8 月中下旬喷 1 000 mg/L 多效唑 1～2 次，也有抑制新梢生长和防止抽条效果。冬季适当早剪，将枝条先端不充实部分剪除，有利减少地上部蒸腾；冬季不宜重剪宜轻剪，以避免次年新梢生长过旺，有利新梢及时停长等，对防止果树越冬后抽条都有效。

6.2 控冠

密植条件下，意味着每株树占有的土地面积和空间体积相对较小，因此密植必须控冠。控冠的根本措施是选择矮化品种和采用矮化砧或矮化中间砧。苹果中的芭蕾苹果、首红、新红星、玫瑰红等矮化苹果品种，由于其本身遗传特性的影响，树冠长不大；采用矮化砧和半矮化砧及其矮化中间砧，由于砧木的作用，限制了树冠的扩大。此两种情况下，虽然也要考虑控冠问题，解决则相对比较容易。单就目前生产而言，并非所有果树树种或品种都有矮化品种或类型，也并非所有树种都有适合的矮化砧木，即使有矮化品种和矮化砧木，是否适应我国条件和市场需求，也还是个问题。我国密植的现状仍然以乔化砧木和品种为主，因此，因地制宜选择合适的栽植密度，是能否控冠的先决条件，但这不是本书要阐述的内容。下面就整形修剪技术方面谈谈如何控冠。

6.2.1　采用合理的树形　在一定条件下，树形和树冠大小是有密切关系的。苹果、梨等多种果树，在稀植条件下多采用主干疏层形，树冠 2～3 层，一层 3 个主枝，每个主枝上配置 3～4 个侧枝，树冠更大时还要配置副侧枝；2～3 层的每个主枝也要配置 1～2 个侧枝。只有这种树形结构才有利于骨干枝增粗和向上、向外延伸，使树冠长大，有效利用空间，并使骨架坚固。假设稀植条件不采用此种树形，而采用纺锤形的话，每个主枝不留侧枝、单轴延伸，一则不能延伸到合适的长度；二则延伸虽能达到一定长度，但由于尖削度小，也难于负担其上的果实重量。我国50年代末、70年代，曾搞过矮化密植研究，多数以失败告终，就其原因是多方面的，但没有摆脱过去稀植大冠树形的影响，也是重要原因之一，当时总想将主干疏层形缩小，如将不同层主枝间、主枝上第一侧枝距中干和将侧枝间距离缩小，认为这样就可培养出小冠树形，但殊不知因其树体结构关系，仍具有长大树冠的潜力，结果是树冠难于控制，全园郁蔽。所以，简单将稀植大冠树形的树体结构移植到密植树形上是不对的，必须研究矮密树形的树体结构特点，找出矮化密植树形与稀植大冠树形的差别，才能为有效控冠奠定基础。根据现有研究结果，矮密树形至少应有以下几个方面特点：

(1)树体结构简单，越是密植越简单　首先是骨干枝级次减少。以有中心干树形为例，主干疏层形稀植大树至少有三级骨干枝组成(图30A)，即中心干(一级)、主枝(二级)和侧枝(三级)组成；单层主干形(图30B)和纺锤形(图30C)骨干枝只有中心干和主枝二个级别；而圆柱形只有中心干一个一级骨干枝(图30D)；到草地果园则为无骨干形(图30E)，只有1～2个大型枝组。

(2)骨干枝数目随栽植密度的增加而减少　一般主干疏层形三级骨干枝总数达20个以上。单层主干形只有一级和二级4个骨干枝，纺锤形虽然骨干枝总数多一些，一般在12～15个。但严格地讲，其主枝的大小和粗度也就相当于一般的侧枝；圆柱形则只有一个骨干枝。

开心形的演变也是如此，传统的自然开心形的骨干枝是由3个主枝和6个侧枝共9个骨干枝组成(图31A)。密度增加时多采用Y整形，在株距较大时宜采用带侧枝的Y整形，全树由2个主枝和4个侧枝共6个骨干枝组成(图31B)。在株距较小时主枝上则不宜配置侧枝，主枝上直接着生结果枝组，全树骨干枝只有2个(图31C)。

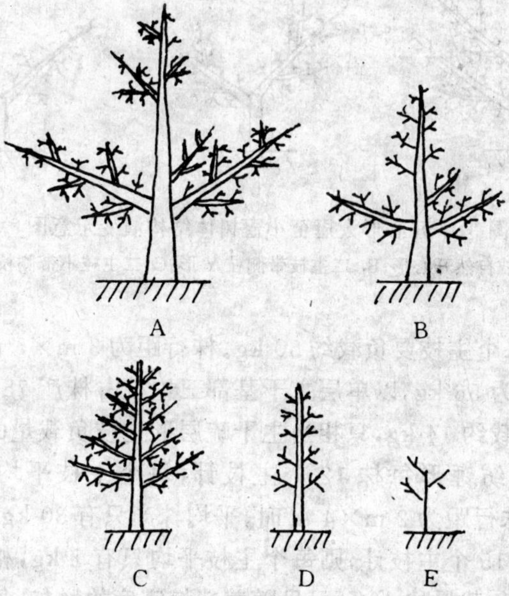

图30　有中心干大冠至小冠，树体结构演变示意图
A:主干疏层形;B. 单层主干形;C:纺锤形;
D. 圆柱形;E. 无骨干形(单个枝组)

(3)主枝采用单轴和水平方式延伸　稀植主干疏层形的主枝，为合理利用空间和负担产量的需要，基部主枝分枝角度以75°为宜(75°时负重力最大)，如接近水平延伸，负重力明显下降，也影响树冠扩大。同时每个主枝要配置2～3个侧枝，并保持较大尖削度，维持主枝坚挺，以承担高的果实负载量。以

苹果为例，同样以亩产量 2 500 kg 计算，株行距为 7 m×8 m 时，采用主干疏层形时，平均株产约为 210 kg，按主枝占产量

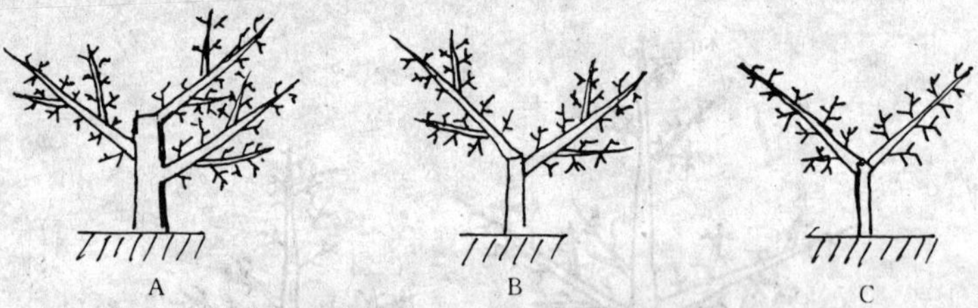

图 31　开心形大冠至小冠树体结构演变示意图

A：三主枝自然开心形；B. 二主枝带侧枝 Y 形；C：二主枝不带侧枝 Y 形

70%计，每个主枝要负载约 50 kg。株行距为 3 m×5 m 时，平均株产约为 56 kg，以单层主干基部三主枝占株产 75%计，每个主枝负载约 14 kg，只相当主干疏层形主枝负载量的 28%。若按自由纺锤形每株 12 个主枝计，每个主枝平均只负载 4.7 kg。株行距为 2 m×4 m 时，平均株产只有 30 kg，若按细长纺锤型 15 个主枝计，则每个主枝平均只有 2 kg，相当主干疏层主枝负载量的 4%。可见随着栽植密度的增加，每个主枝负载量明显减少。因此，密植小冠树形就可采用单轴和接近水平方式延伸，以不必配置大的侧生分枝，保持较小的尖削度。更重要的是单轴和接近水平方式延伸，能使主枝生长缓和、有利早成花结果，又可有效控制主枝的延伸，以达到控冠的目的。

(4)主枝更新加快　自由纺锤形和细长纺锤形似乎没有永久性主枝。稀植大冠一般都有永久性主枝，即使主枝先端回缩更新也在 20 年以后进行。密植树形则不同，单层主干形在

生长正常情况下，一般7～8年生时就要进行主枝先端回缩更新，以防止树冠进一步扩大。至于自由纺锤形基部主枝，6～7年时就要回缩更新，细长纺锤形先端更新更早。纺锤形待主枝长到一定粗度不利控冠时，则采用基部留短桩重截，利用基部潜伏芽发出新枝重新培养主枝(图32)，或彻底疏除利用附近其它中长枝取而代之，因而没有永久性主枝，对控冠自然有利。

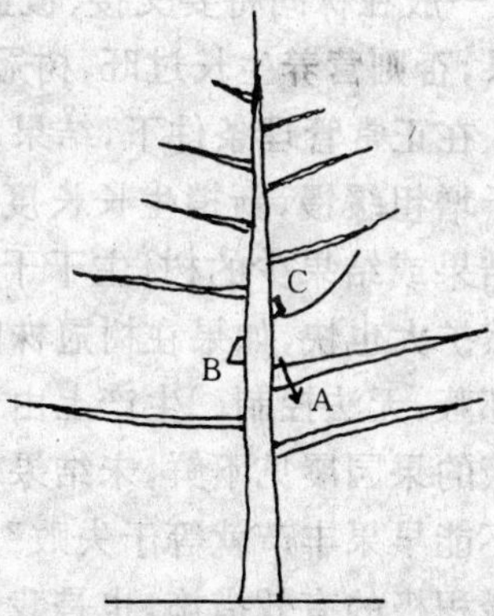

图32 纺锤形主枝从基部更新

A:主枝粗度超过中心干1/2以上留短桩重截;B.重截后状况;C:重截后拉出枝拉平培养成新主枝

(5)人为强制整形成分增加 某些密植树形，由于中心干或主枝常采用不剪或轻剪，对主枝角度开张程度要求严格，致使骨干枝尖削度小，枝干较软弱，因而要采用篱架或立支柱的方法，进行强制整形，确保中心干直立和主枝开角的需要。Y整形也要立Y字架拉铁丝固定树形(照片)。国外细纺锤形由于采用矮化砧根系浅，中心干细弱，则每一株立一支柱，以防歪倒。

6.2.2 *以果控冠* 生长和结果是果树整个生命活动过程中的一对基本矛盾，生长是结果的基础，结果是生长的目的。从果树开始结果，生长和结果长期并存，两者相互制约，又可相互转化。修剪是调节营养器官和生殖器官之间均衡的重要手段。对于密植果园，密度越大，结果丰产要求越早，像草地果园，第二年就要求结果并获得相当产量。因此，生产中要调动一切手段使果树早形成足够的花芽，修剪上采用长放、轻剪、疏剪、刻芽、夏剪、环剥以及化学控制措施（具体做法见 6.1）。开花时采用人工授粉等措施，保证密植果树早期获得较高产量。一般在株间将要交接、覆盖率达 50%以上时，一定要大量结果，否则营养生长过旺，树冠就难控制。

在正常管理条件下，结果多的树营养生长受到抑制，包括主干增粗缓慢，新梢生长长度变短，自然就有控冠效果；反之不结果或结果少的树，主干干周增粗快，新梢生长量大，树冠自然扩大也快，如果在树冠株间交接时不能丰产，必然造成果园郁蔽，无法控制。生产上由于措施不当，不能早果丰产即已郁蔽的果园屡见不鲜，未结果就要进行间伐。为什么讲“密植园不能早果丰产就等于失败”，原因就在于此。早果丰产是控冠最积极的有效措施，也是我们密植的根本目的。

6.2.3 *在地上部与地下部营养物质交换中制造障碍* 果树地上部分和地下部分存在着相互依赖关系。地下部分吸收的水分、矿质营养及合成的激素（如细胞分裂素）主要是通过木质部不断供给地上部枝、叶的生长和光合作用的需要；而地上部分叶的光合作用产物和激素（如生长素）则通过枝干的韧皮部供给根系生长的需要，从而使根系不断向广处和深处扩展，发生大量的吸收根和生长根，吸收更多的水分和矿质营养供给地上部分，促进地上部生长。如果在地上部和地下部营养物质交换中，在通过损伤输导系统，使营养物质交换暂时适当受阻，就能有效限制树冠的扩大。目前生产上常用的绞缢、环切、环剥、倒贴皮、大扒皮等都属于这一类的外科手术。从控冠角度看，大扒皮作用最强，环切最弱，环剥居中，如果树势过强，早环剥或一年中环剥 2～3 次，其抑制强度会显著增加。此外，对侧生主枝为防止延伸过快，对强枝采用环剥或多次环切，也是有效控冠措施。但此类外科手术必须在树势较壮条件下应用，一旦树势和结果进入正常状态，应避免采用。此外，在主干和主枝上造成多或大的剪锯口，也会影响地上部和地下部营养物质的交换，从而影响地上部的生长。

6.2.4 利用不同枝干生长之间的矛盾　果树上枝与枝之间有相互促进一面，也有相互制约的一面。从密植树形考虑，骨干枝的纵向生长和横向生长是一对主要矛盾，基部侧生主枝过强，则横向生长加强，对中心干形成“掐脖”现象，抑制树冠的纵向生长，冠径变大，冠高相对较矮(图 33A)，反之，中心干生长强，侧生分枝较弱，纵向生长相对较强，而横向生长受到明显抑制，冠径变小(图 33B)。

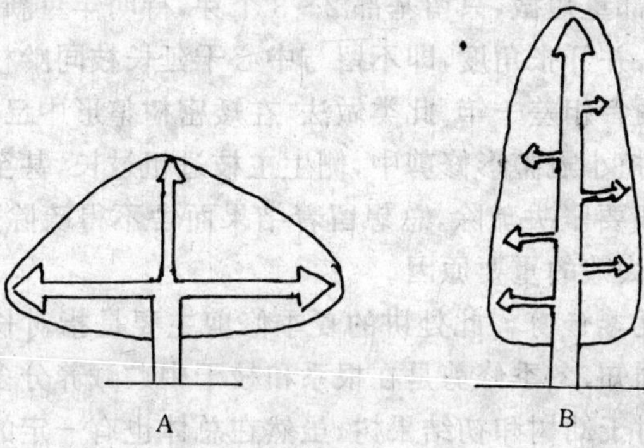

图 33　纵向生长和横向生长关系

A:横向生长强，纵向生长弱；B. 纵向生长强，横向生长弱

根据修剪基本原理，枝的生长强弱是可以调控的，某一骨干枝要变强，通过多留壮分枝、少疏枝、抬高角度和少结果，

即可转强；削弱时则多疏少留壮分枝，加大角度和多结果。有中心干的密植树形应是强中干弱主枝，其侧生主枝必然是不带壮侧生分枝的单轴延伸枝，分枝角度在80°以上。除此外，还要严格控制侧生主枝基部粗度，粗度大向外延伸潜力大，粗度小向外延伸潜力小，同时还要注意与着生母枝基部粗度的比值，越是密植粗度比值应越小，纺锤形主枝基粗与着生中心干粗比值应保持1/2以下，比值过大或过粗时，应从基部进行更新。

要控制侧生主枝粗度及与中心干粗度的比值，关键是在幼树整形阶段要加以控制，除单轴延伸外，常采用的措施还有：在2～4年生时，可以将先端发出的壮枝全部疏除，只保留下部中庸偏弱的枝，开张70°～80°角；除少数短弱分枝外，所有长枝全部重短截，只留基部2～3个芽，待明年重新发出枝，再选主枝，并开张角度，即不留与中心干延长枝同龄枝条作侧生主枝，两者相差一年。此类做法，在矮密树整形中已有论述。

在密植小冠整形修剪中，侧生主枝过粗过长，甚至有些花芽时，一般要坚决疏除，总想留着结果而舍不得疏除，往往是造成控冠失败的重要原因。

6.2.5　夏季修剪　此处讲的夏季修剪主要是指对长梢的处理。众所周知，冬季修剪是在根系和枝干中贮藏养分多的时候进行的，对于幼树和初结果树，虽然在总体也有一定的抑制作用，但局部刺激作用也是比较强烈的。夏季修剪则不同，是在树体内贮藏养分很少时进行的，尤其长梢生长时消耗树体养分多，其叶面积大光合作用时间长，对树整体营养水平提高作用也大；如果在生长季大量疏除和重短截长梢，叶面积损失越大，根系生长受抑制越重，对树整体和局部生长都会产生削弱作用。因此，采用适当夏季修剪，疏除和重截一些长梢，对缓和树势、促进花芽形成和控冠也是有效的。苹果上研究表明，夏季修剪时期不同，其削弱程度也有差别，一般来说，北京 8 月份以前削弱作用强，8 月以后削弱作用相对减弱，也许是 8 月份以前新梢生长以消耗营养为主，8 月份以后新梢已有一定营养输出供给积累有关。

6.2.6 *应用多效唑抑长控冠* 多效唑土施或喷施不仅有利增枝、促花和早果丰产的作用，而且对仁果类、核果类、枣、核桃等果树，均具有明显抑制营养生长和控制树冠迅速扩大的作用。北京市南郊农场对 3 年生红富士每株春季土施多效唑有效成分 2.25 g，4.5 g 和 6.75 g。其结果是当年新梢生长长度分别为对照的 77.8%，55.5%和 52.3%，次年仍然保持较强的抑制作用，其长度分别为对照的 73.0%、53.8%和 25.3%，表明施用量越大，抑制作用越强。李绍华等（1988）在桃上研究结果表明，花后 24 天叶面喷施多效唑 500 mg/L，两个星期后，旺长枝新梢生长量减少 50%左右，主干截面积年增长量仅为对照的 40%。

从抑长控冠角度考虑，多效唑施用量要大些，施用量过小，达不到抑长控冠作用。施用量过大，新梢生长极弱，全树没有长梢，甚至二三年都发不出长梢。一般 5～8 年生乔化苹果单独土施有效含量 3～4 g，如果早春新梢长 5 cm 左右喷施 1 000 mg/L，土施量可减至 2～2.5 g。桃树 4～7 年生土施 2.0～3.0 g。具体施用剂量还是应在试验后再大面积推广。贾克功等在桃高密度栽植条件下（每亩 416 株，株行距为 0.8 m×2 m），实现一年建园，二年丰产，3～4 年进入盛果期。其应用多效唑促花控长的方法是：定植当年 7 月、至迟 8

月上，根据生长情况，最多土施有效含量 100 mg/株。结果后在 5 月中旬，当新梢生长超过 30 cm 以上时，每株土施有效含量十多毫克，至多不超过 50 mg，即能有效控制桃树树冠的扩大。

多效唑有效控冠不仅是有效抑制营养生长，更重要的是能有效促花，通过提高产量而有效控制干粗和新梢的生长，只有这样才能真正达到长期有效的控冠目的。

6.2.7 限根和断根　果树地下部根系的生长与地上部的生长是既有相互促进的一面，又有相互制约的一面。稀植大冠与地下庞大根系是相一致的，地上部骨干枝多，相应地下骨干根也多，粗壮的骨干根的贮藏营养水平和营养物质交换能力比细根强，粗根易出长枝，细根易出短枝。地上部减少骨干枝数量和控冠，也对根系生长有抑制作用。密植由于单株土壤营养面积的减少，本身对根系生长就有一定的抑制作用。反之，通过限根栽培和断根措施，也能抑制地上部的营养生长，以达到控冠的目的。

限根栽培就是通过人为措施或利用自然条件，限制根系的生长，达到早果和控冠的目的。较好的方法是利用无纺布，根据实际需要将其制成袋状，装上营养土，再挖坑埋入土中，在袋中定植果树，其特点是根系不能穿过，而水分可以渗出，从而达到限制根系生长的目的。现在温室栽培果树发展迅速，利用此类方法限根控冠应是一个好的途径。此外利用瓦盆、塑料盆进行盆栽，也可达到限根控冠的目的。

在土层浅薄的丘陵山地，人工刨挖或采用炸药爆破定植穴，其内填入较肥沃土壤，在其中定植的果树土壤营养体积有限，也能限根控冠。平原地区河滩沙石地，可开 1 m 宽定植沟，将石块拣出，置入好土，再定植果树，也能限制根系生长。在丘陵山地和河滩沙石地种植果树，与我国果树上山下滩的发展方针一致。

南方柑橘栽培中，通过垂直根打结、圈成盘状、弯曲或垂直根撕开定植，都有一定的控冠和早结果的效果。

断根或称根系修剪，即通过减少根量（主要是骨干根），以削弱枝梢生长。但根系修剪不如地上部好操作，在密植果园中可结合深翻改土或深施肥，适当切断部分骨干根，尤其对长势过强即将郁蔽的果园，也是可行的。

6.2.8 控制树高　密植必须控制树高，一般树高应控制在行距的1/2，即行距 4 m，树高 2 m 较为合适。但正如前面 4.1.2 节所述，树高除与株行距有关外，与冠径也有关，同样株行距条件下，冠径大树高宜矮些，冠径小树高可高些。

目前国内有中心干的密植树形，树冠过高的不少，形成的主要原因，一是修剪不当；二是操之过急。所谓修剪不当，就是修剪上采用“壮头修剪”方法，在树高即将达到预定高度时，仍然按培养壮头修剪方法修剪，常见的是对中心干延长枝进行适度短截，造成延长枝头部分次年发壮枝过多，促进延长枝头部分中心干的增粗，增加继续向高处延伸的强度，年年如此，结果是树越长越高。还有因为中心干延长头部分较高，修剪操作不方便，侧生分枝多保留不剪，尽管未进行短截，但由于总枝叶量大，生长势仍然较强，造成树冠继续增高。

所谓操之过急，即由修剪方法不当造成树冠过高时，又急于重回缩换头，强制性压到预定高度，其结果是“压而不服”，或顶部二三个分枝转强，其上冒出许多直立枝，宛如在树冠顶部形成“一把伞”，严重影响光照。或其中某个分枝转强，先端 ·

发枝角度变小，形成生长势极强的新头，达不到控高和稳定树势的目的。

正确控高修剪方法是在树高即将达到预定高度时，采用“削弱头长势”的修剪方法，预先做好回缩换头的准备。如树高要求 3 m，当树高已达到 2.5 m 时，就要采取措施，常用方法是中心干延长枝一定要长放不短截，保持单轴延伸状态，其下壮分枝基本全部疏除，在延长枝生长势过强情况下，不惜疏枝造成对口伤，以削弱其长势，使中心干延长枝萌芽力增强，削弱成枝力，从而导致增粗减弱。次年再依此方法修剪，直至延长头侧生分枝已多数形成花芽并开花结果，甚至压弯枝头，或者已难发出长枝，此时再回缩换头。回缩后变强，再放再疏，变弱后再回缩，以达到控制树高的目的。

另一种控高方法的原理基本上与上述方法相同，不同之处是留预备头。其修剪方法如图 34 所示，在树高即将达到要

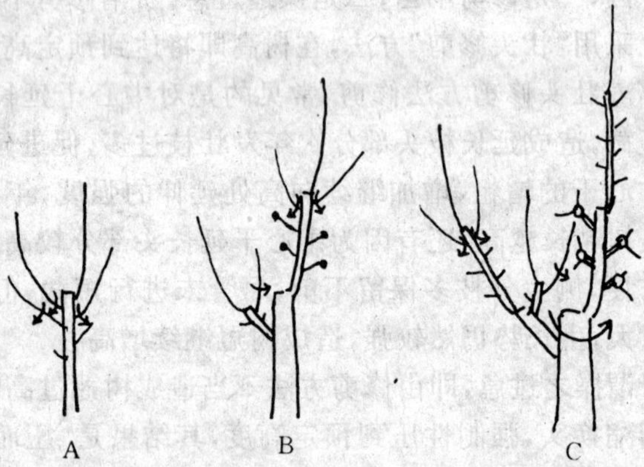

图 34　中心干延长枝长放疏剪留预备头控高示意图

A,B,C 代表 1,2,3 年修剪方法

求时，延长枝长放不截，在其下选方向合适长枝留 4 个左右芽重截，其余壮枝疏除（图 34A）。次年将延长枝头上延长枝仍长放不截，其下壮分枝疏除，对预备头延长枝长放，再选一方向合适长枝重截，其余壮枝疏除（图 34B）。生长季通过夏剪，甚至采用环剥或多道环切方法，促进延长头侧生分枝成花。第三年将结过果，生长势已变弱的头部剪去，对预备头延长枝长放，其下壮枝疏除，对上年重短截部分延长枝长放，再选一方向合适长枝重截，成为新的预备头（图 34C）。生长季通过夏剪促进预备头上侧生分枝成花，以后每年依此方法反复修剪，以保持一定的树高。

6.2.9　控制冠径　控制冠径的扩大，表面是控制主枝的长度，实质是控制主枝的粗度和尖削度，主枝越粗尖削度越大，向外延伸能力越强（图 35），控冠越困难。控制增粗和尖削度的基本方法是少配置、不配置壮的侧生分枝。所以，首先必须根据株行距大小确定主枝配置侧枝的多少或不配置。以苹果为例，稀植大冠树基部每个主枝要配置 3～4 个侧枝，中冠树配置 1～2 个侧枝。株距 3 m 的一般不配置侧枝，只配置一些大型枝组，株距更小时，主枝上只能配置中、小型枝组，修剪上对生长势强的侧生分枝或疏除或控制。其次是开张角度，角度越大，对生长势削弱越重，不利于增粗。

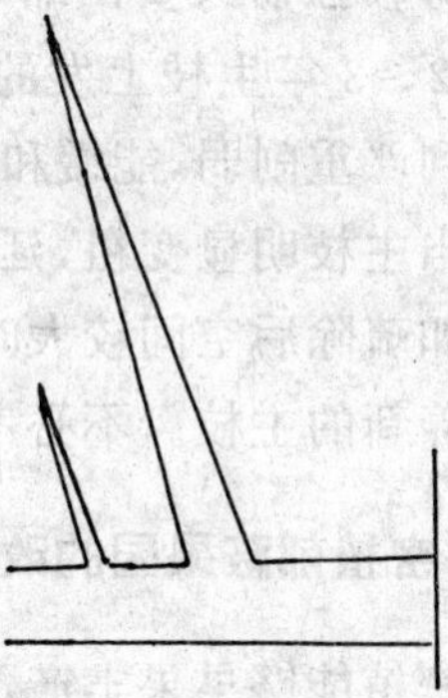

图 35　主枝粗细与向外延伸潜势关系
上：主枝细向外伸潜力小
下：主枝粗向外延伸潜力大

第三通过环剥、刻芽等措施，抑制营养生长，促进花芽分化，适当多结果等，也能抑制增粗。

在上述控粗的基础上，在株、行间将要相互交接前，对主枝延长枝头部分采用疏剪长放的剪法，即疏除侧生长枝，延长枝长放不剪，以削弱其长势，一年长势缓和不够，次年继续疏剪长放，直至先端发不出壮枝并开始结果时，再逐步回缩。回缩前可预先在回缩部位保留侧生长枝长放，待其上形成花芽后回缩，也可选一果台枝处回缩，这样有利花芽形成和结果。回缩后一旦先端复壮，可再进行疏剪长放。在主枝延长枝头部生长势较强而又要回缩时，也可在生长季 6～7 月份，将要回缩掉 2～3 年生枝上发的中、长梢全部疏除，由于生长季该部分受到严重削弱，能缓和冬剪回缩的刺激作用。

当主枝明显变粗，延伸难于控制时，最好的办法是将其疏除。如疏除后空间较大时，可留桩重截，待留桩上发枝后再重新培养新的主枝。不必考虑更新的可彻底疏除。

6.3 密植郁蔽果园的改造

密植能够早果丰产，是现代化果园发展的方向。密植是个相对概念，要根据树种、品种、砧木、立地条件和技术水平来确定适宜密度，但在我国密植起步较晚，许多果农不顾主客观条件，片面认为越密越好。管理上又受传统稀植大冠的影响，采用了“密植稀管”的方法，按稀植大冠进行整形修剪，必然造成骨架大，主枝多，扩冠快，结果晚，以至在未进入结果或初果期时，树冠已相互交接郁蔽。何况我国矮化栽培技术，特别是乔砧矮化密植栽培本身，技术还不够完善系统，造成一部分果园郁蔽就不足为奇，因而如何改造密植郁蔽果园，成为当前迫切需要解决的问题之一。

苹果、梨、桃等乔木果树，行、株之间均已相互交接，果园群体覆盖率达 100%即为郁蔽。从生产优质果和田间管理考虑，覆盖率超过 80%就应算是郁蔽园。在长方形定植条件下，株间保持在 15%以下的交接率，行间保持 1 m 以上的间距，就是比较合理的。叶面积指数也是一个指标，多数果树的叶面积指数 4 左右较为合适，指数大于 5 也表示郁蔽。

造成果园郁蔽的原因比较复杂，但大体可分为二大类：一是定植密度过大，实在难以控制；二是定植密度基本合理，但由于整形修剪和其它栽培管理不当，造成郁蔽。

6.3.1　调整栽植密度　定植密度明显过大，如乔砧苹果或梨的株行距为 2 m×1 m 或 2 m×2 m 等，2～3 年就能郁蔽，此时最好的办法就是调整栽植密度，进行隔株隔行移栽。

6.3.2　按计划密植处理　计划密植是建园时，一种有计划分阶段的密植制度。定植时高于正常的栽植密度，增加单位面积上的栽植株数，以提高早期覆盖率，达到早期丰产和盈利的目的。计划密植的特点是栽植时已明确永久株和临时株。整形修剪对二类植株要区别对待，永久株按间伐后株行距大小进行整形，而临时株则不必强调树形，以轻剪长放为主，配合其它措施，尽量促进其早结果丰产，而后逐步压缩临时株，直至间伐或移出。

事先未按计划密植定植的果园，栽后也未按计划密植进行整形修剪的，在果园已发生郁蔽状况时，应根据果园的具体整形和授粉树配置状况，确定是否按计划密植处理。如树形比较完整，间伐后不影响授粉树的配置，调整行向也切实可行时，即可按计划密植进行处理。

像苹果、梨，株行距为 2 m×3 m 或 3 m×4 m 的乔砧密植园，当初搞的是“密植稀管”，基本按主干疏层形整枝，则 3 m×4 m 可转化为 4 m×6 m，而 2 m×3 m 可先转化成 3 m×4 m，或隔一行去一行，隔一株去一株，直接转化为 4 m×6 m。对永久株则要选择好主枝，并配置 1～2 个侧枝，保证树冠能继续扩大。而对临时株，从树形上是由圆变扁，直至间伐。在整形修剪上要抓住二点：一是临时株在空间上与永久株发生矛盾时，一定压缩临时株，为永久株腾出空间；二是采用一切手段促进临时株多结果，使其营养生长受到明显削弱。修剪上冬剪以轻剪长放和疏剪为主，萌芽前后对一年生甚至二三年生光秃枝进行多芽刻伤，生长季疏除壮梢、开张角度、进行环剥，也可土施或喷施多效唑，促使临时株形成多量花芽，尽快多上产量。随着永久株树冠的扩大、产量的增加，而临时株树冠不断缩小，产量所占比例下降，直至被间伐。按计划密植处理将要郁蔽的果园，是既能满足密植果园早期产量的要求，又能比较彻底解决果园郁蔽的好方法。

6.3.3 *改造成适宜密植的树形* 根据品种、砧木和立地条件，栽植密度基本合理，在 3 m×4～5 m 情况下，是想按自由纺锤形进行整形修剪，只是受传统整形修剪的影响，主枝上留有侧枝或较大的侧生分枝，致使部分主枝过粗，延伸过长，造成果园郁蔽。或主枝角度开张不够，直立偏旺，开张后主枝过长，造成果园郁蔽；不开角则造成树冠内郁蔽。

此类树可按自由纺锤形进行改造，其主要改造对象是主枝，实际操作应根据主枝具体情况而定，一般可将主枝分为几类进行分别处理。一类是过粗、生长势过强、已相互交接的主枝，也是干扰树形、造成郁蔽最严重的主枝，最根本的方法是从基部疏除，绝不能手软。如疏除空缺过大时，可留桩疏除，以备更新。二类是较粗、生长势较强，且已交接的主枝，如属过密的，也可疏除；一般可选一合适侧生分枝进行回缩修剪，缩短其延伸长度。为避免缩减后转旺，可在夏季将要缩剪掉部分的长梢全部重截，也可在秋季缩剪，也可在主枝基部进行环剥或多道环切，以削弱其长势。三类是主枝侧生分枝过大或过多，但主枝长度基本合适，此时可保留原主枝，重点疏除其上大或过密的侧生分枝，以削弱其长势。四类是角度小的直立主枝，凡基部较粗已难于开张角度，或虽能开张但明显过长时，最好也从基部疏除；如有好的背后枝，也可回缩换头。通过 3～4 年逐步改造，可将树冠缩小，改造成自由纺锤形。

在株行距 3 m×5 m 或更大些情况下，又是乔砧密植果园，按主干疏层形修剪，基部三主枝将要或已有些交接，上部还有 1～2 层主枝。此类树可按单层主干形进行改造，可分三个阶段进行。第一阶段先动"帽子"，即基部三主枝以上部分，将其上粗壮枝疏除，谁粗先疏谁，疏强留中庸，如疏除显空时可留后部弱分枝缩剪，并配合夏剪环剥加以控制，其余留下侧生中庸分枝，以单轴延伸为主，待其结果先端变弱时，再逐步回缩培养成靠近中心干的大型枝组。先改造"帽子"的好处是：一则有利控制树高；二则明显改善树冠内的光照条件，不仅"帽子"部分结果多，而且基部主枝中后部也能成花结果，为改造基部一层主枝提供了条件。

第二阶段是改造基部一层主枝。一般主枝上留有2～3个侧枝，又由于株间距离较小，一个主枝像一个“扇面”，层内光照条件不好。改造方法是首先从粗壮交接严重的主枝动手，主枝角度小的可留背后枝换头，方向偏离的可留斜向侧枝回缩换头，俗称“以侧代主”，缩小主枝长度；其次对尚未交接或即将交接的主枝，根据侧枝分布密度状况，先将过密粗壮侧枝疏除，然后逐步消灭较大侧枝，最后达到主枝上只配置有大型枝组。在株行距较大情况下，有时一个主枝也可留一个侧枝。由于主枝修剪较重，生长季应加强夏剪，必要时对主枝进行环剥，以达到抑长促花多结果。

第三阶段解决株间郁蔽问题。在第二阶段中不管以侧代主、或疏除侧枝，凡是主枝延长头部分一律疏剪长放，即延长枝长放不截，其下壮分枝疏除，对留下的壮延长枝，春季采取多芽刻伤，增加萌芽率，削弱其长势，待其大量结果，延长头变弱后，方进行适度回缩，彻底解决果园株间郁蔽问题。

6.3.4 *群体着眼，局部调整* 有些密植成年郁蔽果园，由于管理不当病害严重等原因，已造成部分缺株和残株。而修剪上解决郁蔽问题又无明确规划，难免随机处理一些骨干枝，造成部分树形不完整，其分布又无规律，因此不宜再按计划密植处理。对于这类果园，可从群体着眼，局部进行调整给予解决。所谓群体着眼，局部调整，就是把一行或二行树当一个整体，每行或隔行解决行间郁蔽问题，打开行间间隔，改善光照，便于田间管理。具体做法是：凡指向行间交接严重的大枝，不管主枝或辅养枝，能从基部疏除则疏除，不宜疏除可留侧向行间的分枝回缩，但不能在一二年内全部疏除或回缩，如行间相对两株，都有大分枝在行间交接，可先疏除对行间操作影响大的一个，特别是另一株如果当年另一侧已疏除一个大枝，最好此侧可暂时不疏除，一年行内打不开直通作业道，起码要打开“之”字形作业道(图 36)。至于株间，凡交接严重的，也要逐年疏除。具体每一株修剪，则以服从群体为主，不强调每株树形的一致性，因树而宜，树势适宜结果良好的，树冠可大些；反之可小些，或压缩成扁圆。个别甚至被间伐。但每株一年修剪量不宜过大，大枝疏除限在 2～3 个以内。

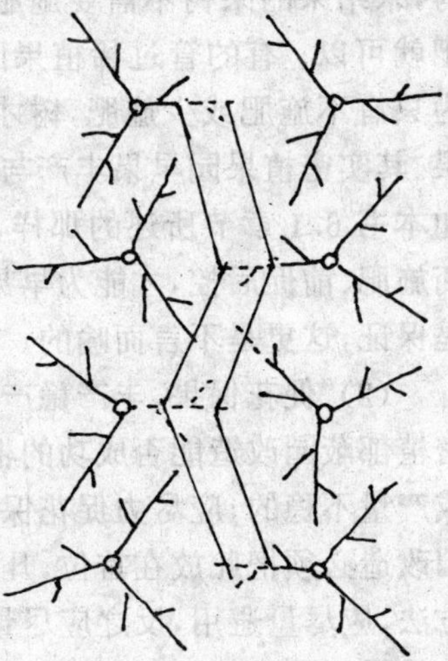

图 36　成年郁蔽园打开“之”字形通道俯视图

为做好调整工作，大枝疏除前，夏季修剪应多疏除长梢，最好能在采果后落叶前就将大枝疏除，削弱其刺激作用。回缩或疏除大枝后，则应加强夏季修剪，如及时除萌疏梢，主干或回缩枝环剥，抑其长势，促花结果等。

6.3.5　**密植郁蔽果园改造的基本原则**　实际生产中密植郁蔽果园的种类繁多，改造的途径多种多样，不可能千篇一律按某一固定形式进行。尽管如此，在改造的过程中，还是有一些基本原则可供参考。

(1)凡是未结果、产量低或产量不稳的果园，首先必须考虑土、肥、水管理和病虫综合防治问题。土壤瘠薄，土层浅，要进行深翻，多施有机肥进行土壤改良，增加土壤肥力。当前在施肥上有些错误倾向需要纠正，如没有种植过果树的果农认为，未结果的果树不需要施肥，或者要施肥，也只认为施些氮肥就可以。有的管过稀植果园的果农怕树长的快早郁蔽，认为只有不施肥或少施肥，树才长的慢，树势宜缓和，才能早结果。其实密植果园早果丰产与长树增枝控冠是紧密相连的，正如本书 6.1 章节所述的那样，土、肥、水是基础，合理施肥、平衡施肥、前促后控，才能为早果丰产奠定基础。加强病虫防治是保证，这更是不言而喻的。

(2)“促花保果，丰产稳产”，这既是密植果园的目的，又是密植郁蔽园改造能否成功的根本。因此，凡未结果、结果少的或产量不稳的，应尽力促花保果，使之丰产稳产。对密植郁蔽园改造必须把此放在首位，凡不利促花保果、丰产稳产的修剪方法，应尽量避用，反之应尽量采用。在密植郁蔽园改造过程中尽量不减产，如不同年份花量不同，清理大枝和疏枝重点放在大年进行；小年清理和疏枝则要慎重进行，对花芽多的枝则能留尽量留，无花少花才能疏，以确保产量。这样虽然延长改造时间，也增加改造难度，但比较稳妥。反之年年花多果多改造就能加快，操作也容易。

(3)选择适宜改造的目标树形。根据栽植密度、生长郁蔽和整形状况，选择适宜改造的目标树形是关键。目标树形在预定密度下，应能有效达到控冠或缩小树冠的目的，现有树形改造成目标树形难度不宜过大，最好树形有些相似，如主干疏层形可改造成单层主干形；变则主干形(中心干上多主枝不分层)改造成自由纺锤形等。即使树形比较混乱，也应按不同情况分类，以确定不同类型的树改造成不同的密植树形。改造的目标树形一旦确定，应根据目标制定逐年改造方案，轻易不要中途变更。

(4)改造不能操之过急。多数密植郁蔽果园改造都有一定难度，适当疏除过多大枝和先端回缩是必须采取的措施，切忌“一步到位”。一年疏枝过多，回缩过重，其结果不是全树返旺就是全树衰弱，不但影响产量，改造也难以成功。所以，短的分三四年、长的分四五年甚至更长时间完成。改造过程中一是要丰产稳产；二是旺树要变缓，转至正常树势，各类枝条组成要合理；三是该回缩时，要使先端逐渐转弱再进行。具体讲，一株树每年疏除大枝在 3 个以下，不要一年全疏除，一年生旺枝过多时，隔三差五的，选方向合适的留一些；骨干枝延伸头要先疏长放，不结果不转弱，就不急于回缩等。

(5)必须加强夏季修剪，冬夏结合为加快改造速度和效果，在改造期间尤其要加强夏季修剪，包括适当增加夏剪次数和细致程度两个方面。从改造树形要求上，疏除和回缩部分大枝是不可避免的，因而部分或全树返旺是难免的，通过疏剪旺梢、对新梢反复摘心、扭枝、开张角度、环剥或环切等，都可抑制返旺，有利开花结果；另一方面，夏季修剪处理方法和时期得当，也可显著降低冬季修剪量或减缓冬剪的刺激强度。

7 优质果品的生产与修剪

我国果树生产已从重视产量转向重视质量，如何生产出优质果品，是当前果树科研和生产工作者的最重要的任务。生产优质果品必须采用综合系统配套技术，首先是品种优，生态条件适宜，土壤深厚肥沃；第二是以有机肥为主，根据叶分析和土壤分析或经验进行配方施肥；第三是正确的花果管理，包括及时充分的授粉受精、疏花疏果、套袋、摘叶转果及铺反光膜等；第四是病虫防治。

修剪上，优先要解决光照问题、维持适宜的树势和留枝量；其次是要培养最佳结果母枝及高质量的花芽和果枝。

7.1 生产优质果品的光照条件

光照是果树的生存因子之一，是果树光合作用的能量来源，修剪在调节果树与环境的关系中，最重要的是改善光照条件，增加光合面积和光合作用的时间。植物体中 90%以上的有机物质来自光合作用，光合作用条件的好坏，直接影响到产量和品质。不进行整形修剪的果树，其主要弊病是树体结构不合理，内部和下部光照条件恶化，结果部位外移，呈表面结果，产量不高，品质也不好。

7.1.1 *枝叶覆盖率* 我国果树栽培是以户为单位，实行的是家庭承包责任制，一般一户承包几亩或十几亩果园，由于面积小，栽植密度又偏大，进入成年后不同株树冠相互交接，覆盖率常达100%,遮荫十分严重。这样的果园绝不能生产出优质果品,也不利于提高产量,同时给田间操作管理和病虫害防治也带来极大的困难。所以,在一般情况下,覆盖率并非越大越好。

以红富士苹果为例,为生产优质果品,我国提倡的适宜枝叶覆盖率为60%～80%。也就是说株行距3 m×5 m条件下,株间不超过15%交接,行间树冠之间的间距应保持2～1 m;株行距2 m×4 m条件下,行间树冠之间的间距应保持在1.5～1 m。据日本研究调查报告,树冠覆盖率62.3%,夏季相邻树枝头间距1.5 m时,光线能够透射到树冠下部,其下部大果比例高,花青苷含量为上部果实的70%。树冠覆盖率70.7%,夏季相邻树枝头间距0.8 m时,有相当数量的光线可透射入树冠下部,树冠下部大果的比例也较高,花青苷含量为上部果实的71%。当树冠覆盖率达85.4%时,夏季相邻树枝头间距0.5 m时,投入树冠下部光线仅占全光照的10%～15%。树冠下部大果率低,其花青苷含量仅为上部果实的57%,表明着色显著变差。所以,为生产优质果,国外一般认为覆盖率以60%为宜。

不同树种、树形和叶面积指数,其要求也不相同,如喜光和耐荫树种,冠大与冠小、树高与树矮等。一般采用水平树形,叶面积指数小,如葡萄水平架栽培,覆盖率即使达100%,但由于叶面积指数小,透光性能好,也能生产出优质果。

7.1.2　光照　研究和生产实践证明,树冠内光照良好的部位,枝、叶生长健壮,枝粗节间短,叶片色深而厚,光合性能强。从多数落叶果树看,树冠内或下部,当获得光照强度减弱至30%以下时,枝条细节间长,叶片有时虽大,但薄而色浅,其叶片的消耗大于本身的光合生产，俗称此类叶片为寄生叶。

光照也影响花芽分化的数量、质量及坐果率。苹果花芽分化最少需要有30%的日照辐射，郗荣庭等(1996年)认为鸭梨在30%以下受光量的区域，已基本失去结果能力而成为非生产区。稀植大冠树的光照强度是由上部、外围向下部和内膛逐渐减弱的，所以树冠外围花芽多、质量好、坐果率高，而内膛差。这可能与树冠内光合产物分配局部性有关，即光照好的部位的叶片其光合能力强，同化产物积累的多，因此有利花芽分化和提高坐果率；反之，光照差的部位的叶片其光合能力弱，甚至成为寄生叶，自然同化产物积累不足。

果实品质与光照关系更为密切。据近年研究，光照强度对鸭梨品质的影响主要表现在3个方面：一是影响果实大小和风味品质，据鲁韧强(1983)报道，果实大小与树冠内光照强度呈显著正相关，在一定范围内光照强度越大，果实也越大，可溶性固形物含量也升高。据龚云池等(1980)报道，光照强度主要影响果实的还原糖含量和含水率，随着相对光强的增加，果实含水率降低，还原糖含量增加，光照强度对鸭梨果实的上述效应，主要是在强光照条件下叶片增厚，光合速率增高。因此，着生在树冠内不同光照强度部位的果实，其大小和风味等方面有较大的差异；二是影响果实的色泽。在较强的光照条件下，果实成熟期间果皮中的叶绿素较易分解而呈现浅黄色，因此果实色泽较好；三是影响果点和锈斑的面积及其颜色的深浅。强光照条件下，果点和锈斑的发育较充分，面积大、颜色深、果皮粗糙，有时还易发生日灼。此点是强光照的副作用。所以，也并非光照强度越大越好，是在一定范围内较好，这也是整形修剪要解决的问题。

其它果树上的研究也有类似结果。像红富士苹果，据烟台果树所调查，当树冠外围相对光照强度在95.31%时，果实的着色度在60%以上的占90.84%，可溶性固形物含量17.06%；树冠中部相对光照强度在69.08%时，果实着色度在60%以上的只有39.94%，可溶性固形物为14.6%；当树冠内部相对光照强度为17.54%时，全部果实着色均在60%以下，可溶性固形物为12.3%，已不能成为优质果实。果实着色与果实中花青苷含量有关。据孙建设(1992)报道，随着相对光照强度的增加，果皮中花青苷含量也显著增加。郗荣庭等(1996)认为，要获得优质鸭梨果实的适宜受光量应为全光照量的60%以上，40%以下受光量则品质较差。于绍夫(1985)研究认为，红富士对光照反应敏感，当光照强度相当于自然光照的60%以上时，果实红色发育良好；低于60%时，着色受到抑制；小于30%时果实着色不良。

在实际生产中，测定光照强度比较麻烦。依据果农和专家研究结果，也可以透光度表示，即以夏季中午树冠在地面投影面积中，以光斑占其投影面积的比例来表示。苹果上透光15%能满足花芽分化的需求，透光30%才能生产出优质果品。雪花梨上也提出要达到15%左右。

7.1.3 进行树形和树体结构调整，改善光照条件　从当前我国生产实际情况出发，树形和树体结构不合理，是影响光照和果实品质提高的重要障碍之一。过去果树生产是建立在以产量为首位目标基础上的，质量是处于次要地位，随着产量的提高和市场需求的改变，果品质量已从次要地位上升到首要地位，质量差经济效益也差，高质量才能获得高效益，因此，对原有的树形和树体结构进行改造是势在必行。

过去苹果和梨稀植大冠树形普遍存在着树冠高大，树冠内不分层或分2～3层，有的主枝角度过小，树冠呈圆头状，冠形指数达到1以上；有的树冠虽然分层，但层间距过小，层内骨干枝过多，或上层大；有的背上直立大型枝组多，这些无疑都会严重影响树冠内果品质量的提高。

有中心干的呈圆头状的大冠树形，常用改造方法之一是压低树高，改圆头形为二层分层形，扩大叶幕间距。压低树高是困难的，一定要有计划分数年完成，切忌落头过急，压而不服，或树体再次升高，或形成“大帽子”。主要做法是先选好落头处跟枝，其上中心干的大枝，分2～3年逐步疏除，加速其长势减弱，还可对跟枝以上部分进行环剥，令其大量结果，待其变弱后再行落头，使树高降至4～4.5 m。

在树高4～4.5 m条件下，一般以分2层合适。两层主枝间距要在1.5 m以上，两层叶幕之间间距保持在1 m以上，单层叶幕厚度保持1 m左右。冠高和冠径之比在0.5～0.8。因此，凡在二层主枝间的主枝或大辅养枝，也必须分2～3年时间逐步疏除，为避免直接在中心干上造成大伤口和二层之间秃裸，也可在大枝基部留一较大型枝组进行重回缩修剪。为拉开层间距，往往伴随着要开张主枝角度，尽量采用人工撑拉方法开角；无法撑拉的，则可采用背后枝换头，背后枝基粗与着生部位主枝粗度相近的，可直接回缩至背后枝；背后枝基粗较细的，可在其上选一枝回缩，待背后枝基粗与着生枝相近时再回缩到位。为避免回缩后背后枝再度直立，应配合拉枝加以控制。根据李丽等(1992)的研究表明：将国光苹果树由圆头形改为双层形后，由于改善了光照条件，调整了营养生长和生殖生长的关系，叶幕的有效光合面积增加，果实获得了更多的光合产物，产量和品质均有明显提高。

改造方法之二是将中心干疏除，将树冠变为半开心形。此法在稀植大冠的梨树上应用较多。传统梨树整形修剪中，主枝角度一般较小，主枝数量也偏多，呈抱合生长，成年梨树冠中下部骨干枝秃裸严重，更谈不上生产优质果实。此时最好方法就是将中心干彻底疏除或保留其下段一部分进行回缩，也能显著改善树冠内光照条件，有利生产优质果品。实践生产中，不仅可将中心干彻底或部分疏除，就是树冠内其余较直立的主枝同样可以进行处理。当然处理骨干枝较多时，也应分2～3年逐步进行，不可一年到位。

改造方法之三是基部三主枝角度较大，将中心干从一层主枝上锯掉成完全的开心形。此改造最为彻底，光照条件能得到最大程度的改善，最有利生产优质果品。但目前生产上运用不多，原因是主枝背上易冒条，果实较容易发生日灼。日本稀植大冠树至今仍采用二大主枝四大侧枝开心形，为其生产优质苹果奠定了基础。中国与日本气候条件不完全相同，人们比较担心的就是日灼问题 。但只要在修剪方法上进行适当调整，其缺点应是可以克服的。

有中心干分层树形中的层内骨干枝过多和上层过大的树，也会影响光照。前者较好处理，如一层主枝过多的。苹果一般保留 3 个、梨树多可保留 4 个，将轮生的过密的适当疏除。主枝上侧枝过多的，可按同侧间隔 80～100 cm，两侧间隔约 40 cm 交错选留合适侧枝，其余逐步疏除，以改善同层内的光照条件。后者即上层主枝过大的，处理上相对比较困难，原则上可选其基部侧枝，或选基粗较细占领空间较小的辅养枝作为主枝替代枝，对原主枝要缩剪部分，先疏除其上壮侧生分枝，夏季进行环剥并疏除其上壮梢，适当多结果，待其长势明显变弱时再回缩或疏除，使上层“树帽”小下来，以改善基部一层主枝的光照条件。

我国苹果、梨传统稀植大冠树体结构还有一个重要特点，就是主、侧枝背上直立大型枝组多，理由是其长势壮、寿命长。实际上每一个背上直立大型枝组就像一把撑开的伞，使树冠内光照条件恶化，不仅不利于树冠其它部位果实品质的提高，而且大量调查结果表明：直立枝组上由于当年新梢长势旺，成花和坐果都较差。果实有时虽然长的较大，但着色普遍不好，果形也不周正。根据我们在河北东光县秦一村红富士园改造经验，凡背上大型直立枝组，一律逐步疏除，背上只留小型枝组，培养主、侧枝两侧大型枝组。事实证明，只要疏除背上大型枝组，两侧枝组生长普遍转壮，果实外观品质有明显提高。

苹果、梨有中心干的中冠树形，目前生产上多按适当缩小的主干疏层形整形，即有 2 层主枝，主枝上又配有数目不等的侧枝。总之树冠虽小了些，大骨干枝总数减少并不多，因而不利光照条件的改善。对于此类树可按 6.3.3 节进行改造，即一层主枝以上中心干部分，原则上不留二层主枝，或最多只留 2 个小型主枝，在其上培养数个大型枝组。而一层主枝原则上不留侧枝，或留 1～2 个小型侧枝，配置较多的大、中、小型枝组。树高控制在 3 m 左右。做到上光可直射到一层主枝基部，一层主枝间也相互拉开距离，使光照得到明显改善。

总之，从改善光照条件、生产优质果品出发，树高要压下来，冠形要转化为半圆形或扁圆形。分层比不分层、多层不如二层、二层不如单层好。在能较合理利用空间的条件下，骨干枝多不如骨干枝少好。背上枝组不如两侧枝组好。叶幕适当薄些比厚些好。目前我国苹果、梨上叶面积指数，多数人认为4～4.5较为合适，但从生产优质果品考虑，叶面积指数适当降低可能更有利。

至于密植果园，当前多数是要把覆盖率降至60%～70%。其次是自由纺锤形或细长纺锤形树，必须按标准将主枝数减下来，将过粗过大的主枝疏除，自由纺锤形保留12个主枝左右，细长纺锤形保留15个左右。至于树高，一般不要超过3 m，树高应与冠径相联系考虑，冠径大树高要降低；反之冠径小，树高可适当高些，如日本永田正夫的细型主干形。

7.2 其它有利提高品质的修剪措施

7.2.1 **树势与品质** 众所周知，日本是以生产高质量果品而著名，套袋是其提高苹果、梨等众多果实品质的有效措施。在苹果上日本果树界人士也清楚，套袋或多或少会降低果品内在品质，所以日本也在研究无袋栽培技术，能否进行无袋栽培，树势是一个重要指标。以富士苹果为例，在6月下旬到7月上旬，新梢平均长度20～30 cm，新梢停长率在80%左右，叶色指数为5左右，即叶片含氮量为2.4%～2.5%，如果符合上述指标，不必套袋也能生产出优质果品，树势过强或偏弱就需套袋。由此可见，树势与品质关系是比较密切的。

从实际生产中可以看出，树势过强不仅花芽形成困难、坐果率差，有时果实小，有时果实虽大，但着色不好。树势偏弱时，虽然形成花芽较多，有时坐果也多，着色品种能着色，但红色偏暗且缺少光泽，红富士上果实易扁且胴部有棱，也不能生产出优质果品。

根据我国对红富士苹果研究的结果，认为红富士苹果成龄树高产、稳产、优质的几个树势指标是：新梢生长量为 25～30 cm；长枝(16 cm 以上)占 20%左右，中短枝(15 cm 以下)占 80%左右；6 月末以前有 70%～80%的新梢停止生长，结果果台能抽生 1 个长约 10 cm 以下的果台副梢；粗枝表皮呈红褐色及灰褐色。单叶面积 30～38 cm^2；叶色为绿色稍淡，叶片含氮量在 2.3%～2.5%；采收后叶色变黄，落叶一致。当然不同树种和品种适宜生产优质果品的树势标准会有差异，不能一概而论，但弄清其树势的相关指标，对栽培上采取包括修剪在内的综合措施是有重要指导意义的。

树势过强或过弱的形成原因是复杂的，常常为多个因素综合作用的结果，所以必须在弄清影响主要因素的基础上，采用综合技术措施处理。就修剪而言，骨干枝多且开张角度小，树冠内光照条件恶化，易使外围长势过强，而膛内则变弱甚至秃裸；修剪特别是短截过重，则容易使树势转强；反之，主、侧枝开张角度过大、修剪特别是疏剪或缩减大枝过多，则容易使树势变弱。

整体树势过强，其特点是树冠内外新梢生长量大，长梢数量多，苹果、梨上中、短梢枝量严重不足。此类树可适当控氮、控水，修剪上应以疏剪、轻剪为主，加强夏季修剪，如春季刻芽、夏季环剥、土施和喷施多效唑，骨干枝角度小的适当开角等。只要措施得当，转化比较容易。

上强下弱、外强内弱的树，一般是主枝侧枝角度小、大枝多造成的。修剪上首先要撑拉开主侧枝角度，疏除过多大枝，彻底改善膛内光照，内弱和下弱就会转强，上强外强就会受到适当削弱。

虚旺树的调整。所谓虚旺树就是表面看新梢生长量大长枝多,但与整体树势过强不同,新梢不那么粗壮,节间长,叶片大而薄,叶色淡而不浓绿,腋芽不饱满。此类树多半是肥少特别是磷钾肥少而水供应相对较多造成的,所以解决问题的根本方法是多施有机肥,适当追施氮肥,主要是增施磷钾肥。修剪上再配合轻剪疏剪、加强夏剪和开张角度,即可纠正。

稍偏弱的树,即长梢比例偏低,一般可通过增施肥水,适当调低果实负载量,修剪上进行较重一些的短截和缩剪,也可纠正。而对于衰弱树,即基本不发长梢或发出长梢也达不到要求长度的,则要细致调查其原因,一般不能单纯靠重修剪进行调整,搞不好是剪的越重,树势越弱。

将树势调整到适宜生产优质果品的标准是一件不容易的事,而维持适宜树势更不容易,这需要年年观察调查,及时发现问题,通过综合措施加以纠正。就修剪而言,发现长梢比例大或长梢过长,则冬季修剪要轻一些、疏一些;反之,长梢比例小或长梢短,则冬季修剪要多短截一些,短截重一些。

这里还需要强调的是,所谓适宜树势的标准,是指树体各组成部位都比较合适,拿长梢比例来说,外围比例可相对大些,内膛可小些,但长梢绝不能只集中某一部位,如果一个主枝上长梢过多,而其它主枝很少,虽然树整体统计上,长、中、短枝比例合适,但这也不符合要求。因此树势的调整和维持,是要通过树体各个部分调整来完成,强势部位要削弱,弱势部位则要增强。

7.2.2　留枝量与果实品质　纵观我国以前以产量为首要目标的丰产经验,无一不是以增加单位面积上的留枝量为基础的。以苹果、梨为例,亩产要达到 2 500～5 000 kg,亩留枝芽量多在 10 多万个,有的甚至达到 20 万。可以想象如此多的枝芽量首先必然会使树冠内光照条件恶化，产生较多的无效短枝。其次枝量大也必然使树体的营养和水分分配分散，不利培养优质短枝和果枝，其结果是树冠内膛很难生产出优质果品。如郗荣庭、傅玉湖等(1996)在《优质鸭梨丰产技术和原理》一书中指出：生产中一般鸭梨园由于多年轻修剪，多留枝，树下光点面积在5%以下，树冠内光照不足，是近年鸭梨果实品质降低的主要原因之一。

现在从全面生产优质果品出发，绝大多数果树工作者的一致意见是要把单位面积上的留枝量降下来，至于降到多少合适，还要根据各地生产实际情况进行研究后确定。

全国红富士优质丰产技术推广协作组1992年对成年树提出指标如下：亩产量1 500～2 500 kg条件下，亩留枝芽量为5万～9万个，亩留花芽量为1.2万～1.5万个，亩留果量1.0万～1.3万个。我们认为上述亩留枝芽量上限偏高，还可以适当降低。

根据近年各地在提高鸭梨品质方面的试验研究和生产经验，在亩产2 500 kg条件下，每亩留枝量为3万个左右较为合适。20年生以上梨园，在相同产量条件下，每亩枝量以3.5万～4万个为宜。

将单位面积上的枝芽量降下来，绝不能单从减少枝芽量考虑，必须从改善树体光照条件和树形改造、调整树体结构大局先着手。即如前面所述，首先是疏除过密过多的大枝，其次是疏除背上大型直立和过于庞杂的其它大型枝组，最后是疏除过密、过弱的1年生枝。只有树冠内光照条件得到显著改善，树体结构趋于合理，才能最大限度地减少树冠内的无效枝叶，留下的全部都是健壮有效的枝叶和健壮的果枝，从而为生产优质果品奠定基础。

7.2.3 适宜负载量 过去高产主要靠增加单位面积上的留果量,容易造成超量结果,其后果是形成大小年结果现象,树势衰弱,并严重影响果品质量。在鸭梨上的研究表明:亩产超过3 000 kg,果实品质会明显降低。超量结果不但使平均单果重下降,果形变异程度增加,而且降低果实中的含糖量,风味变淡。果实含糖量与果实大小呈极显著正相关。单果重为220～250 g的大型果,可溶性固形物含量平均为12.36%;单果重为180～200 g的中型果,可溶性固形物含量平均为12.07%;而单果重为120～140 g的小型果,可溶性固形物平均含量仅为10.95%。

辽宁省果树研究所的赵淑芳(1987)在长富2苹果上的不同留果标准的研究结果也表明:在按枝果比3∶1～6∶1的试验中,随着枝果比的增大,大果比例上升,由18.3%增至63.08%。全红果和可溶性固形物,在枝果比3∶1～5∶1,前者由22.34%上升到58.35%,后者由11.50%上升到14.10%。而按枝果比6∶1留果的,全红果为50.01%,可溶性固形物为13.63%,反而比枝果比5∶1有所下降。所以,在实际生产中负载量也并非越小果实品质就越好。因为果实负载量过小,会使结果和营养生长失去平衡,造成营养生长过强,反而使果实变小,可溶性固形物含量下降。

确定适宜负载量方法很多,常见的有:叶果比法、枝果比法、干周法或主干截面积法、距离法、经验确定法等。负载量最后确定,主要是通过疏花疏果来解决。从修剪方面首先进行粗调是必要的,因为从树体节省养分角度考虑,疏果不如疏花,疏花不如疏花芽,冬剪疏除过量的部分花芽,对生产优质果品是有利的。

根据红富士苹果成龄树高产、稳产、优质的树相指标，亩产量 1 500～2 500 kg，亩留花芽量 1.2 万～1.5 万个即够．就是说在冬剪时，明显看出花芽量过多的情况下，通过疏除、回缩部分细弱果枝，短截苹果、梨的长果枝，甚至对短果枝采用破顶芽剪，可将花芽数量降下来。萌芽时如果发现花芽仍然过多，可通过春季复剪，再剪除部分花芽。最终留花芽多少，要根据各地情况和具体品种坐果率而定。苹果、梨主要根据花序坐果率来定，如花序坐果率为 80%，每亩要留 10 000 个果，那么每亩至少要留 12 500 个优质花芽。

7.2.4　培养、保留健壮枝结果　冬剪后，苹果与梨一般全树花叶芽比保持在 1∶3 左右。强树可适当提高，弱树可适当降低，在此基础上，应选留健壮和适宜的枝组和果枝结果。以红富士苹果为例，背上直立枝组结果不如两侧枝组好，背后下垂枝组也容易结小果和青果。枝组基粗与着生骨干枝粗度之比小于 25%较为合适，枝组过粗，长势过强；过细则容易衰弱。根据我们在河北省东光县秦一村观察，在骨干枝上选留侧生基粗在 1 cm 以上发育枝，经过轻剪长放培养的枝组较好。当枝组过长衰弱时，必须进行及时回缩更新，所谓先端衰弱是指枝组先端果枝结果后已不能发出较长果台副梢。结果母枝年龄以 6 年生以内的结实力强，果实品质好。结果母枝年龄过大应及时回缩更新或以新生枝组取而代之。

果枝类型上，日本认为红富士苹果以粗壮的短果枝和中果枝结果为好，其长度为 2～15 cm，短于 2 cm 以下的极短果枝的果实呈扁圆形，且易发生裂果。过长果枝果个虽大，但着色不够鲜艳。据观察，细弱果枝不仅坐果率差，果实也偏小。所谓细弱是指不论长短，其粗度如细香差不多的一类果枝，有的虽基部稍粗但先端很细，也应属于此类，其共同点是花芽小且不饱满，手捏时明显感觉松软。形成原因是树冠内光照条件恶化，留枝量过多，树冠外围明显生长势过强等。从果枝着生部位上看，背上直立果枝尤其是短果枝，果实易偏扁，斜形果率高；结果后能下垂的果实果形指数高，斜形果率低。从果枝年龄上看，从壮结果母枝发生的2～4年生果枝结果质量高，超过4年以上的则较差。从发生果台副梢能力上看，结果后仍能发出长约10 cm果台副梢的果大、质量高，在日本凡不能发出较长果台副梢、尤其是发不出果台副梢的，一律将果疏除。

当然各个树种、品种及地区和栽培条件不同，具体什么样枝组和果枝结果质量最佳，都需要具体调查观察，在基本弄清后，修剪就可采用针对性措施，保证优质果品的生产。

夏季修剪对提高果实质量也有重要作用：其一是生长季最容易发现哪些枝梢影响光照，可及时采用疏除、剪梢，以改善结果部位的光照条件；其二是及时解决结果与营养生长的矛盾，如树整体偏旺，可采用树干环剥或喷施多效唑加以控制；如局部过旺可采用局部环剥、疏除或短截过壮新梢，结果果台副梢过强的也可及时摘心。其三在果实着色期间，将妨碍果实着色的主要叶片摘除，日本在苹果上有时摘叶数量可达全树叶片总数的1/3。在樱桃上，除摘叶外，也可将妨碍着色叶片暂时用皮筋捆扎在一起，等果实采收后再将叶片松开。

8 简化修剪

8.1 简化修剪的概念

简化修剪是与过去比较复杂修剪相对而言的。过去苹果、梨、桃等落叶果树的修剪，由于采用稀植大冠，如各种主干疏层形，树体结构复杂，骨干枝级次较多，一般肥水管理水平又不高，长期形成与之相适应的修剪规范体系，曾为提高我国果树产量和修剪技术水平做出过贡献。但其为了建造比较庞大的骨架、调节树体各部分之间的均衡关系、生长与结果之间的矛盾，修剪过于细致、复杂，甚至修剪中提出“枝枝必问”，因而修剪既费工、费时，又难于掌握。一般技术人员要掌握好这样的常规修剪技术，至少需要四五年以上的实践过程，特别是现在农村实行的是以户为单位的承包责任制，技术力量薄弱，普及比较困难。随着矮化密植程度的提高，小冠树形的树体结构趋于简单，为修剪简化创造了有利条件。无论从提高劳动生产率和便于推广普及、还是从矮化密植早果丰产优质考虑，现有果树修剪技术，都应随着果树生产的发展而必须改革，而简化修剪(广义应包括化学和机械修剪)则是其发展方向。

简化修剪不等于粗放修剪，更不是放任不剪，而是在树体结构简化和肥水等综合管理水平提高的基础上，更深入地掌握其生长结果规律，通过比较简单、规范化的修剪，既能节约劳力、提高工效、便于在果农中普及和推广，又能生产出优质高产的果品。

8.2 简化的途径和应注意的问题

8.2.1 树形结构上的简化和密植　以苹果为例，过去稀植大冠的各种主干疏层形，骨干枝多，级次也多，有中心干、一层主枝、二层主枝甚至还有三层主枝，主枝上配置有数个侧枝，有的在大侧枝上还要配置副侧枝。幼树整形修剪阶段，在生长与结果问题上，数年时间不得不考虑以整形为主，结果为辅，只有建立起坚固而又庞大的骨架，才能承担盛果期每株担负数百千克产量的任务。而为建立一个稳定的、庞大而又坚固的树体结构，就必须保持树体各个部分的主从关系和均衡关系：树冠上部与下部；同一层主枝之间；一个主枝的前后；主侧枝之间。这些关系中如果出现某部分强而另一部分弱时，修剪中就必须进行调整。很多情况下，一株树不是一对简单的矛盾，而是有很多对矛盾，如树整体虽是下强上弱，但上部或下部主枝间可能又有强有弱，有的主枝本身又可能前强后弱或前弱后强，有的侧枝强，有的侧枝弱，那么要通过修剪解决这些矛盾，决非是一件易事。尤其对于初学修剪的人是相当困难的，首先必须学会正确判断，判断之后怎样抓住主要矛盾和次要矛盾，适“度”地给予调整，这个“度”是不具备若干年经验的人很难掌握的。所以稀植大冠的复杂树体结构，是造成修剪复杂的根本原因之一。

现代果树栽培多采用密植，密植果树如仍采用大冠的复杂的树体结构，由该结构具有长成大冠的巨大潜力，不仅修剪复杂而最根本的是无法控冠，结果必然是导致失败。密植的树形必须简化，简化的重要标志是骨干枝级次减少。主干疏层形有中心干、主枝、侧枝三级；开心树形最少也有主枝和侧枝二级。现在密植的有中心干的自由纺锤形，只有二级即中心干和主枝，主枝上不再配置侧枝。在密植发展到圆柱形时，则只有中心干一级骨干枝，其上直接着生结果枝组。如果发展到草地果园，一株树就由 1～2 个大型枝组构成。开心形也一样，现在较高密植条件下的 Y 形，一株树就有 2 个主枝，主枝上同样可不配置侧枝而直接着生结果枝组。密植要求树体结构简化，而树体结构的简化则为简化修剪创造了条件。如纺锤形主要考虑的是中心干和主枝之间的主从关系，即要保持强中干弱主枝，主枝过强了(具体表现为过粗)就更新。圆柱形则是保持中心干与侧生枝组之间的主从关系。至于草地果园本身就是 1～2 个枝组，更没有什么复杂关系需要处理。现在之所以能大力提倡简化修剪，是与矮化密植栽培已成为现代化果树栽培的主流密切相关的。

当然并非说只有密植才能简化修剪。在大中冠树形条件下，适度简化也是可能的，特别是从生产优质果品考虑，简化也是必要的。如日本苹果生产上普遍采用二大主枝四大侧枝的开心形，就比主干疏层形结构简单，也有利在日本光照不十分充足的条件下生产优质果品。我国葡萄栽培上采用独龙干、双龙干等大小棚架，虽然单株覆盖面积不小，但其树体结构则只有主蔓(龙干)与若干采用短梢修剪的枝组构成，所以修剪上也易简化。

8.2.2 选择、培育适宜简化修剪的品种 不同品种修剪技术不完全相同，有的品种适宜简化修剪。从长远看，选择、培育适宜简化修剪的品种，是解决这一问题的根本方法之一。

当前生产中，一是选择对修剪反应不敏感的品种。如苹果中的金冠品种，修剪轻一点或重一点，其修剪反应差别相对较小，而且其成花容易，长、中、短果枝均能很好结果，修剪上就容易简化，便于掌握。新发展的乔纳金品种与金冠相似，也便于简化修剪。而元帅、红星等苹果品种则对修剪反应比较敏感，重一点易转旺，轻一点易转弱，成花也较难，只有短果枝结果好，此类品种修剪上相对难于掌握；二是选择适宜的矮化品种和采用矮化砧木。目前苹果中已选择出较多的矮化品种，如新红星、首红、短枝富士等，幼树生长较旺，每个壮枝剪口下可抽出长枝1～3个。结果后树的长势易缓和、稳定，一般不易跑条，多抽生健壮短枝。由于树冠矮小，骨干枝级次少，结果枝组寿命长且自身更新能力也强，修剪上容易简化省工。目前国内外都在致力于培育柱型（芭蕾）苹果，如果一旦选育出优质丰产品种，不仅栽植密度可显著提高，修剪上更容易简化省工。梨、桃等树种上也选出一些矮化品种，对推广简化修剪比较有利。采用矮化砧木，可进行矮化密植，有利结果和控制生长，修剪上无疑也有利简化和省工。

8.2.3　*研究品种生长结果特性，寻找简化修剪方法*　了解和掌握果树生长结果特性，是整形修剪的基本依据。这里讲深入研究生长结果特性，并非指过去整形修剪不以生长结果特性为依据，而是说有些特性是在特定栽培条件下的具体表现，一旦某些栽培条件和环境发生变化，有些特性也会随之变化。当然有些受传统习惯的影响，难以从旧的模式中跳出来，必然对研究和简化修剪形成难以摆脱的束缚。元帅和红星苹果，比较公认的是连续结果能力弱的品种，但60年代我们在山东省平阴县大寨山林场看到连续数年高产的红星苹果树，其连续结果能力并不弱，原因就是大寨山林场施肥量大，说明肥水管理水平提高后，有些特性是有变化的。不同地区和果园红富士苹果的连续结果能力有差异，也是旁证。

吴光林(1986)在“果树整形与修剪”一书中介绍了桃的短截修剪制度(又称短枝修剪)和疏删修剪制度(又称长枝修剪)中，提到南方桃虽然目前是以长果枝结果为主，但这是短截修剪制度造成的结果，而并非南方桃的本性。据吴光林(1957)调查：南方桃即使在当时以培养长果枝为目的的短截修剪制度下，单果重仍以中、短果枝所结果最重，长果枝的其次，徒长性结果枝的最轻。在分析其原因后，吴光林先生认为：“只要改变修剪制度，增加全树中、短果枝的比例，则不但上述中、短果枝的优势在南方桃上同样可以充分发挥，而所形成的产量中，中、短果枝所占的比重自然也会上升，也有可能成为以中、短果枝结果为主”。

燕红(绿化 9 号)桃品种，原本是以中、短果枝结果为主的，我们在其上进行长枝修剪(此法与吴光林先生介绍的长枝修剪有所不同，以后再详细介绍)研究后发现：当对长果枝长放不剪时，其上结果也很好。因此，有些品种究竟什么类型果枝结果好，也随修剪方法不同会有变化。

其实诸多种类果树品种，即使幼年时期是以长中果枝结果为主，随着树龄增大进入盛果期后，由于生长势减弱，多数都转成短果枝结果为主，其本身就发生了变化。因此，对这一类树种品种，就可按统一有利促进短果枝形成的方法进行修剪，减少不同品种修剪之间的差别，这也有利修剪的简化。不仅同一树种不同品种之间可简化，就是不同树种，如苹果、梨、桃、杏、樱桃、李等中的许多品种都有这样特性，因而都可采用长放、疏剪和少短截的修剪方法。这种简单划一，可能对有些品种会出现一些小问题，而实际上不管是吴光林先生讲的疏删修剪与我们搞的长枝修剪，都已和苹果、梨修剪有些相似。采用这种剪法，只要方法得当，有些问题是可以解决的。何况随着修剪方法的改变，其反应也会发生变化。所以，深入研究树种品种生长结果习性，能找出共同点，有利简化修剪；而简化修剪也有利深入了解其生长结果习性，以避免把传统习惯下的修剪反应当成普遍规律应用。

8.2.4　减少修剪次数　除冬季修剪外，春、夏、秋季都可进行修剪。生长季修剪方法繁多，有除萌抹芽、刻芽、摘心、剪梢、疏梢、扭梢、拿枝、折梢等等。像桃和葡萄幼树阶段，北京管理较好的果园，一年要进行四五次以上夏剪，多的达近10次，就是成年树桃园也要进行4次左右夏剪。苹果幼树尤其是乔砧密植，生长季也要进行四五次夏剪。多次夏剪固然有利早果丰产、减少冬季修剪量，但无疑会使修剪复杂和增加用工量。因此，如何在可能的范围内减少夏季修剪次数，也是简化夏剪的重要方面。采用合理树形、改变冬剪和夏剪方法、以及采用化学修剪进行控制，是减少夏季修剪次数的重要途径。

葡萄因其生长势强、大量发生副梢的缘故，因而夏剪次数多。但近十多年来，在葡萄不需埋土防寒地区广泛推广“高、宽、垂”整形修剪，新梢任其自由悬垂生长，不仅改善树冠的光照条件，缓和了新梢生长势，提高了新梢基部芽眼的结实力，而且由于新梢自由下垂不需引缚，减少了摘心，显著减少夏季修剪次数和用工。

夏季修剪与冬季修剪是密切关联的，两方面是相互对应的。我国传统上修剪多以短截为主，特别是幼树和旺树，短截多容易造成全树生长偏旺，也不利花芽形成。为控制其生长偏旺又不得不采用较多次数的夏剪加以控制，如反复摘心剪梢等。如果改变传统以短截为主的修剪方法，以轻剪、长放、疏剪和适当开张角度取而代之，树长势必然趋于缓和，当然也有利减少夏剪次数。桃树长枝修剪法就是以疏剪、长放为主，极少采用短截，由于新梢生长势普遍缓和，可明显减少夏剪次数，一般进行二次即可。

改变和简化夏季修剪方法，也有利减少夏剪次数。苹果、桃等果树夏剪，重要内容之一是控制背上直立新梢。众所周知，此类新梢由于所处位置优势，一般生长势强，采用摘心和扭梢控制，摘心后往往需连续摘几次，扭梢后也往往重新冒出直立新梢，仍需摘心加以控制，无疑增加夏剪次数和工作量。如果改为以疏梢为主，少留或不留背上直立梢，夏剪次数也能减少，修剪也能简化。

8.2.5 化学修剪　化学修剪是指应用植物生长调节剂，或抑制果树枝梢生长，促进分枝，或改变角度，或抑制萌蘖等方面内容。

抑制树体新梢过旺生长的植物生长调节剂，目前果树上应用最多的是多效唑(PP333)，其次是矮壮素(CCC)和乙烯利。多效唑土施或叶面喷施都能显著抑制新梢生长和副梢的发生，对桃、苹果、葡萄、猕猴桃等多种果树都有效。如西安市灞桥区葡萄技术推广站于葡萄萌芽前，每株土施 6 g(15%可湿性粉剂)，使巨峰葡萄节间缩短 40%，卷须不产生，副梢几乎不长，花朵着果率提高 57%，产量增加 27%。这无疑有利减少摘心，免除抹副梢和卷须工作，自然也就简化了夏季修剪。在葡萄坐果后 20 天，用 25 mg/L 的赤霉素喷布或浸蘸果穗，可增大果粒，减少应用多效唑使果粒变小的副作用。至于桃、苹果上如何应用，在“密植果树修剪技术”一节中已有说明。

葡萄在开花前1周或开花初期，喷布矮壮素200 mg/L，也有抑制新梢生长和提高坐果率的作用。完全可以替代花前摘心和人工抹除副梢工作。

应用BA和普洛马林在苹果新梢迅速生长期喷布以及利用BA为主要成分的发枝素软膏进行涂抹，都能显著促进叶芽萌发(详见6.1.2)，不仅免除摘心，而且增枝多且角度大，有利冬季轻剪。除BA能加大分枝角度外，涂抹萘乙酸也有增大基角的作用。

冬季修剪去大枝时留下的剪锯口，次年在其附近往往诱发出大量潜伏芽萌发，因而影响树体通风透光，常需人工多次抹除。我们应用500 mg/L萘乙酸软膏制剂涂抹在大的剪锯口上，就能有效地控制潜伏芽的发生。

摘心是夏剪中的一项重要工作，我们曾用几种高级脂肪酸甲酯及其混合酯(辛酸甲酯、癸酸甲酯、月桂酸甲酯)，于6月上旬至7月上旬用30%浓度处理1～3年生苹果苗梢尖，喷后一段时间幼叶即开始萎蔫，促进副梢分枝数均高于不摘心对照。

8.2.6 机械化修剪　目前世界上只有对篱壁果园能实现机械化修剪。常用机引长臂圆盘锯、旋转圆盘顶剪锯或水力镰刀杆式锯篱剪树冠顶部和侧面，将树篱剪成各种树形。有的是机械篱剪加隔年人工修剪，有的则是机械篱剪后人工稍加补充修剪。此类剪法国内尚未见报道。

在拖拉机或汽车上安装升降台或吊台，可满足人们在上进行修剪和采收作业，可以降低修剪劳动强度和加快修剪进度。采用电动链式手锯及水力、气动高枝剪锯，也可节省劳动力。但这些不应是真正意义上的机械化修剪，要全面实行机械化修剪，最重要的是培育适于机械化修剪的品种以及相应的一套栽培制度。

8.2.7　提高土壤肥力和施肥水平，有利简化修剪　我国采用复杂、细致的修剪方法，是与土壤肥力和施肥水平低下有一定的关系。众所周知，经济发达国家，果园土壤有机质含量一般都在 2%以上，主要采用生草、覆草等先进的土壤管理方法，根据叶分析和土壤分析进行科学施肥，树体生长健壮，结合严格的疏花、疏果，形成花芽容易，一般不会发生花芽数量不足的问题，因而为简化修剪创造了基本条件。我国则有所不同，大多数果园的土壤有机质含量不超过 1%，土壤管理上多采用清耕法，有机肥施入不足，化肥施入水平不高或以偏施氮肥为主，多数不能根据叶分析和土壤分析进行科学施肥，造成幼树生长偏旺或偏弱，花芽不易形成；盛果期时树体容易转弱，加之疏花、疏果不力，极易产生大小年。修剪时树旺、花过多时发愁；树弱、花少时更发愁，因此不得不靠细致、复杂的冬剪和夏剪来调节。实际国内有些优质丰产园，由于综合施肥水平高，修剪也就不那么复杂。所以通过改良土壤、改进土壤管理方法，提高土壤肥力和综合施肥水平，必将有利简化修剪，这是今后我国果树向简化修剪方向发展的重要条件。

8.3　介绍几种不同树种的简化修剪方法

8.3.1　桃树长枝修剪技术　长枝修剪是与传统的短枝修剪相对而命名的。传统的短枝修剪是对保留下的枝条，除花束状果枝、短果枝和部分中果枝不短截外，其余一年生枝均采用短截的修剪方法，由于修剪后枝条长度短，故称为短枝修剪方法。长枝修剪是以疏剪、长放和缩剪为主的修剪方法，基本上不短截，修剪后一年生果枝长度在 50 cm 左右，故称为长枝修剪方法。

据李绍华(1997)介绍，70 年代开始，法国由于劳动力变得越来越贵，早果丰产的要求使得栽植密度加大，树体的营养生长和生殖生长的平衡维持困难，长枝修剪技术的研究获得重视，并取得成功。我们于 1991 年开始，在中国农业大学教学试验场和北京市石景山区八大处农工商公司果树站选择不同树龄的庆丰、燕红、大久保、早久保等品种，进行了长枝修剪技术的研究，1993 年通过农业部主持的专家鉴定。其突出特点是修剪技术简单，果农普遍反映易学、好掌握，每株用工相当于短枝修剪的 1/3 左右。长枝修剪的树体营养生长缓和，早期叶面积形成快，光合时间长，果实受光量明显提高，因而长枝修剪树果实着色好，含糖量高。

现有的多主枝开心形和自然开心形都可改用长枝修剪，根据试验结果，主要修剪技术如下：

(1)果枝的选留与配置　以 1 年生果枝长 40～70 cm 为好，过短更新能力弱，过长虽更新能力强，但容易营养生长过旺。在树体 1 年生适宜果枝够用的情况下，过长和过短的基本上一律疏除，可适当保留一些短果枝和花束状果枝，尤其北方品种群的品种，应多留一些中、短果枝和花束状果枝，长果枝数量应适当减少。当然，不同品种、树龄和栽培地区应有所差别，生长易旺的应保留长度相对较短的；反之则应保留长度相对较长的枝条，以利枝组的更新。

在株行距 3 m×5 m 或 4 m×6 m 的成年桃树上，每株树保留 30 cm 以上果枝 150～200 条，树龄小时可少留。原则上 1 个长果枝平均担负 500 g 产量，估产上容易掌握。骨干枝和大型结果枝组上，每 15～20 cm 保留 1 个果枝，同侧长果枝之间的距离一般应在 40 cm 以上。对于树势直立的，主要保留斜上生或水平枝，树体上部可适当保留一些背下枝；对于树势开张的，主要保留斜上生枝，树体上部可适当保留一些水平枝，树体下部可选留少量的背上枝；幼年直立旺树，可适当多留一些水平枝及背下枝，反之树弱则可适当多留一些背上枝。

(2)结果枝组更新　采用长枝修剪技术最令人担心的是骨干枝秃裸和枝组更新问题。根据在庆丰、燕红、早久保等品种上的研究，不但不会秃裸，枝组更新也简单易行。一因留的果枝长，生长季由于枝叶和果实重量的作用，能导致一年生枝弯曲下垂，极易从长枝基部抽生健壮的更新枝，冬剪时回缩至基部的健壮枝处更新(图 37B)；二是对骨干枝上疏剪重，容易使骨干枝上的潜伏芽和不定芽抽生出长梢，可选作新的果枝保留，将附近老枝组进行彻底更新(图 37c)。

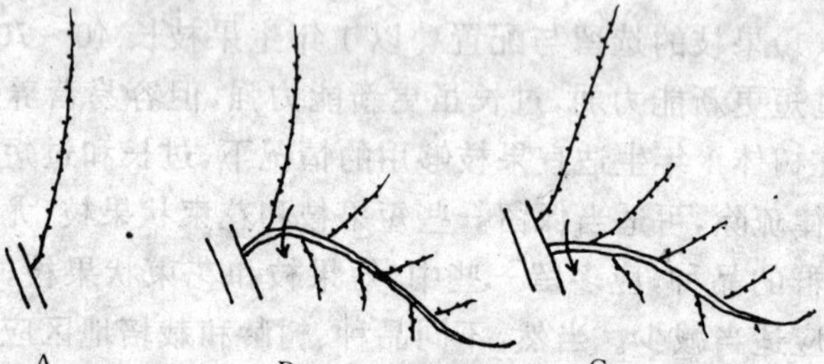

图 37　桃树长枝修剪的枝组更新模式

(3)骨干枝延长枝的修剪　幼年树的延长枝头留一向外

生长的弱副梢进行短截，而成年树取决于树体的生长势，旺树疏除部分或全部副梢，中庸树短截至健壮的副梢处，弱树则保留弱副梢短截。对开张易衰的大久保品种，由于主枝变得水平甚至有些下垂的，可在主枝上部选留一个直立且生长旺盛的枝条，留一弱副梢短截，以利抬高主枝角度。

(4)夏季修剪　一般讲长枝修剪可减少夏剪次数，但由短枝修剪改造为长枝修剪最初的 1～2 年内，还是要注意夏剪的。内膛多年生骨干枝上易抽生大量新梢，在 5 月下旬至 6 月上旬对宜选作更新果枝的过旺新梢，可保留 15～20 cm 摘心或剪梢，中庸枝不动，过密疏除。以后直至采收前后，原则上以疏除部分过密和徒长梢为主，中晚熟品种在采前进行疏除，这对改善树冠内通风透光条件、促进果实着色有重要作用。

(5)采用长枝修剪技术应注意的问题　一是栽植密度不能过小，株行距不能大于 4 m×6 m；二是长枝修剪保留花芽量大，必须严格进行人工疏花、疏果，适宜的负载量，有利生产优质果实和枝组更新；三是进入盛果期后应加强肥水管理。由于叶面积比短枝修剪要大，尤其是果实迅速生长期，应增加灌溉次数和灌溉量，以确保枝条生长健壮并能正常更新。

日本也有长枝修剪方法，有的为保证更新可靠，采取类似双枝更新的修剪方法，即前面枝长放不剪，后面长枝留 2～3 个芽重截(图 38)，次年将长放果枝压缩至重截枝，在其上再进行先端长放后面再重截一枝，保证能年年进行更新。

我国传统的长枝修剪方法，主要在北方品种群上应用，江南南方品种群桃上也有应用，特别是幼旺树应用较多。其与前所述长枝修剪方法有所不同，其长放枝有的也能结果，但次年主要是靠长放枝上形成中、短果枝结果，而前述长枝修剪，主

要是靠长枝结果，保留中、短枝是次要的。开始也是疏剪和长放一部分斜生或水平长枝，其中能结果的，多留其中上部果

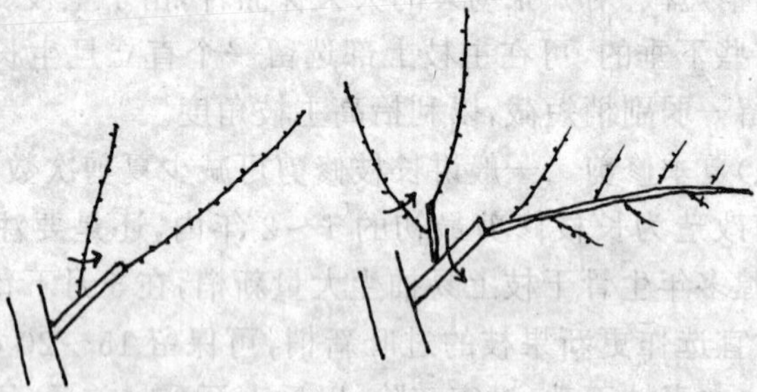

图 38　桃树长枝修剪枝组的双枝更新

实，使其下垂。第二年形成多数中、短果枝，长放枝转化为结果基枝，冬剪时疏除质量较差果枝，选留发育良好的中、短果枝，以备次年结果。对结果基枝上的长枝采用前疏后截，弱枝带头，次年疏果时，多选留基枝中、上部果实，控上促下，使其在结果的同时，从基枝中、下部抽生更新枝。如结果基枝健壮、先端有空间时，则可使其继续延长，使其上再形成中、短果枝结果。这样长枝一般结果 2～4 年就下垂衰老，便可回缩更新，使之重新抽生长枝，再长放形成中、短果枝结果。其同前述长枝修剪一样，树势易缓和，易早果丰产，但处理不当，留果过多，树势容易衰弱。因此，同样要求严格疏花、疏果，并加强肥水管理。

8.3.2　*苹果以疏、放、缩为主的修剪方法*　近 10 年我们在河北省东光县和三河市等苹果园采用此法修剪，果农普遍反映简单，省工、易学、效果好。其基本特点是疏、放、缩剪为主，较

少采用短截修剪。优点是树冠内光照条件好，树势易缓和，花芽易形成，果实着色和内在品质较好。

幼树整形修剪阶段，为维持中心干生长优势，在选好主枝的前提下，一般将竞争枝、生长势过强及轮生枝给予疏除。同样为维持主枝优势，特别是在密植条件下，竞争枝、直立枝和生长势过强的侧生分枝也多予疏除。中心干和主枝上的中庸发育枝一般都长放保留，其余生长势较强的发育枝，需要保留的也应开张角度，春季萌芽前后进行多芽刻伤，甚至在夏季进行环剥或多道环切处理，以控制其生长势。

在株行距 3 m×5 m 采用单层主干形的条件下，定植后1～3年，中心干和主枝可进行适度短截，保证树冠的扩大，一般第 4 年中心干和主枝延长枝都应长放。在株行距更小条件下，骨干枝在定植后 1～2 年进行适度短截，以后也多长放不截。在篱壁和立支柱条件下，只要是壮苗，即使中心干和主枝，定植后就可长放不短截。当然也不是绝对不用短截，如骨干枝偏弱时，不仅其延长枝要适度短截，就是其上着生的其它发育枝、甚至竞争枝，也要进行较重短截，促发较多壮枝，以利骨干枝生长势转强。采用纺锤形时，为增大中心干与主枝之间粗度差异，保持中心干的绝对优势，在定植后二三年内对侧生壮发育枝只留 2～3 个芽重截，次年再从发枝中选留主枝。

在幼树整形修剪阶段，疏、放为主，较少采用缩剪，只是在为保持主从关系和树势均衡、以及换头等情况下才采用缩剪。

进入盛果期后，疏剪和缩剪应用较多。现有主干疏层形和密植树形的改造，主要任务是疏除或缩剪大枝和枝组，改善树冠内光照条件。大枝处理一般先从中心干开始，特别是严重影响光照和树势平衡的，然后再清理主枝，将其上过强过多的大枝或疏或重回缩修剪。枝组以两侧为主，特别是由长 40 cm 左右发育枝培养成的大、中型枝组，结果好且寿命较长，能合理利用空间，同时对背上发枝有较强的牵制作用。背上直立或斜上的大、中型枝组和背下衰弱枝组多予疏除，尤其背上枝组疏除对培养两侧枝组有利。两侧过密枝组也要疏除。纺锤形主枝上以培养中、小型枝组为主，较大枝组应疏除。骨干枝和枝组上的直立的一年生枝也多予疏除，夏季修剪以疏除直立和过密新梢为主，不采用或较少采用摘心、剪梢和扭梢。

盛果期树整体或局部容易衰弱时，多采用缩剪进行复壮更新，要不要缩剪的标准较容易掌握。一般骨干枝延长枝长度小于 30 cm，延长头部分大量成花结果时，即可回缩。大、中形枝组先端已发不出长枝，或结果后发不出较长果台副梢时，如富士苹果以抽生 10 cm 左右果台副梢为好，达不到这个标准的即可回缩。小型枝组也不断通过缩剪进行更新复壮。缩剪与长放相配合，剪后枝组长势易缓和，也就是说经过长放、缩剪再长放培养出的大、中型枝组是“松散型”的，结果后易下垂，光照好，有利生产优质果实。而传统以短截为主培养的大、中型枝组是属“紧凑型”的，一般前有带头枝后有预备枝，修剪上“枝枝必问，精雕细刻”，不仅技术复杂费工，果实不易下垂，而且枝组长势容易偏旺，光照较差，也不利生产优质果实。

为考虑骨干枝延长头部分和大、中型枝组更新时，有时也可在其后部短截一发育枝以备更新。全树或局部长枝数比例偏低时，可适量短截部分发育枝以补充长枝不足。大年时为调节大小年，短截中、长果枝以减少留花芽数量也是必要的，但总体上采用短截是很少的。当然不排除某些特殊情况下多采用一些短截，如短枝型品种，土壤、肥水条件较差的山地果园等。

我国传统修剪可以说是以短截为主。近些年，日本、德国、法国等国果树专家来我国进行修剪示范交流，往往双方都认为对方修剪重，其矛盾焦点是国外专家疏剪枝多；而我国则短截过多。我们认为从营养生长与生殖生长容易平衡、改善光照条件、提高品质和简化修剪考虑，国外这种修剪方法是值得参考和学习的。短截过多，树势容易偏旺，不利营养生长与生殖生长的平衡，不仅冬剪动剪子多，而且也增加夏剪次数。结合我国具体情况，参考和学习外国经验，根据我们的实践，以疏剪、长放和缩剪为主的修剪方法，的确有利修剪简化，树势也易调整至合适状态，果实品质也有明显提高。

8.3.3　**葡萄规则扇形的修剪**　葡萄栽培中采用的头状整枝、龙干形整枝，多数采用短梢修剪，冬剪比较简化。在不需埋土防寒地区采用高、宽、垂整枝，则可简化夏季修剪。这些树形的修剪方法在其它果树栽培书中都有详细介绍。这里主要讲由多主蔓自然扇形改为规则扇形，是如何由比较复杂的树形和修剪，变为比较规范化的树形和修剪，从而达到简化修剪的目的。

无主干多主蔓自然扇形，是北方需要埋土防寒地区在篱架栽培上较广泛应用的一种树形。此形特点是根据株距大小要留 3～5 个主蔓，主蔓上还有侧蔓（图 39）。优点是容易成形，保留结果母枝较多，可以获得较高的产量。修剪上采用长、中、短梢混合修剪法，保留的壮结果枝多采用长、中梢修剪，较弱的采用短梢修剪作预备枝。缺点是树形和修剪灵活性过大，架面枝蔓比较紊乱，如果缺乏修剪经验，枝组安排及修剪轻重程度难以做到适度，用较弱结果母枝作预备枝较难达到预期目的，容易造成结果部位上移，下部秃裸，不易维持稳定树形。

规则扇形则有比较严格的规定，大规则扇形是 1 个主蔓上配置 2 个结果枝组（图 40），一般规则扇形 1 个主蔓就是 1 个结果枝组（图 41）。每个枝组先端结果母枝留 5～10 个芽修

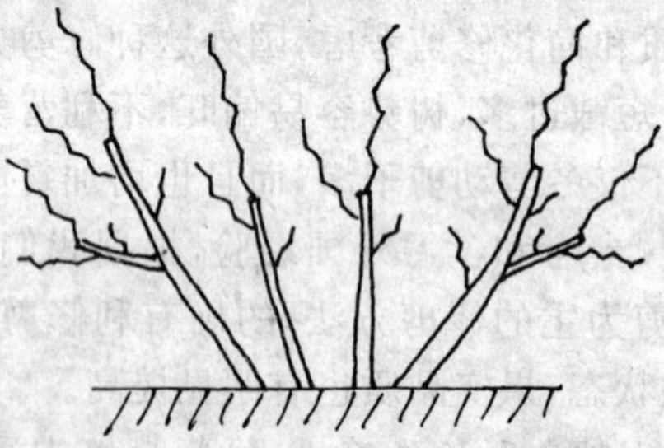

图 39　多主蔓自然扇形

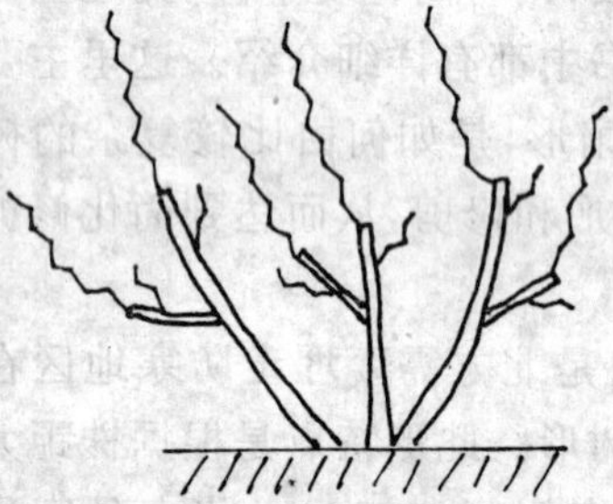

图 40　大规则扇形

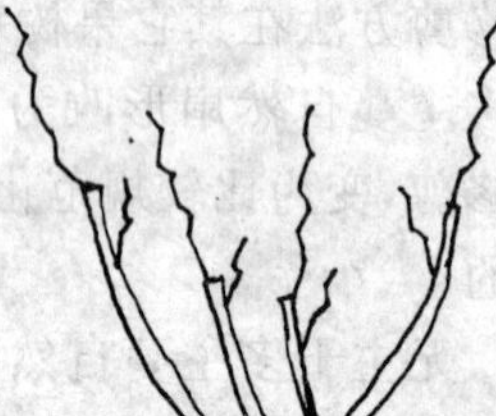

图 41　规则扇形

剪，下部结果母枝留 2～3 个芽进行短梢修剪作预备枝，作更新用的预备枝一定是壮结果母枝，多余枝疏除。1 个枝组每年更新如图 42 所示，一般情况下预备枝能发出 2 个壮梢，可将

原先端长梢枝轴剪去，预备枝上采用 1 长 1 短构成新的枝组（图 42A）；如果预备枝只发出 1 个壮梢，对其采用短梢修剪作预备枝，在原长梢枝轴上选 1 壮枝进行长梢修剪（图 42B）；万一预备枝无壮梢时，也可在原长梢枝轴上选 2 个壮梢进行 1 长 1 短修剪，也可构成新的枝组（图 42C）。这样就做到树形和修剪都规范化，既省工又易学。

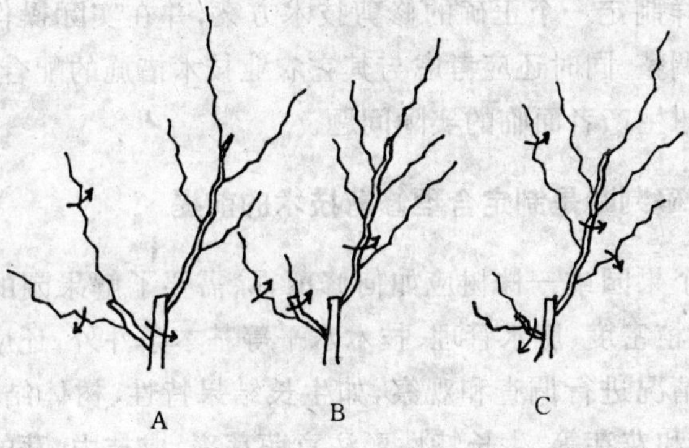

图 42　规则扇形几种枝更新模式

9 修剪技术的制定以及与其它农业技术措施的配合

怎样制定一个正确的修剪技术方案，并在实际操作中逐步加以调整。同时还应考虑与其它农业技术措施的配合，是每一个果树生产者面临的实际问题。

9.1 正确判断是制定合理修剪技术的前提

一个果园或一株树应如何修剪，除需要了解果园的立地条件、栽植密度、肥水管理、技术水平等基本条件外，还应对树体全面情况进行调查和观察，如生长结果特性、树体结构、树势、枝量和花芽等。生长特性要注意萌芽率、成枝力、芽的早熟性、晚熟性、潜伏芽的寿命、顶端优势的强弱。结果特性主要掌握花芽形成的时间、主要结果枝类型、连续结果能力和最佳结果的年龄枝段等。树体结构方面要注意骨干枝的配置、角度、数量和分布是否合理；树冠高度、冠径和冠形；行株间的间隔与交接情况；通风透光是否良好等。观察树势方面：一是判断总体强弱；二是局部之间长势是否均衡，如是上强下弱，还是上弱下强 ；三是长、中、短枝的比例。枝量和花芽方面，主要调查总枝量、花芽的数量及质量等。根据调查结果，抓住主要矛盾，因地、因树制定出综合修剪技术方案。至于判断标准的各种参数可参考前面章节内容。

9.2 修剪技术的综合运用

修剪的双重作用是普遍存在的，一种修剪方法的主要反应是人们所希望的，可以起到积极作用；次要反应不是人们所希望的，为消极作用，需要通过其它修剪方法减少消极作用的影响。疏剪长放有利缓和树势和成花结果，能改善通风透光条件，这是积极作用；但长期应用树体容易衰老，这是消极作用，在出现衰老倾向时，可通过缩剪进行复壮，以克服其不利影响。不同剪法其作用性质相同时，其反应将得到加强，如对缩剪后留下的先端壮枝再行短截，其局部刺激作用会增强；将枝拉平后再配合多道环切，萌芽率会更高，对生长势的削弱作用会更强。不同修剪方法作用性质相反，就会相互削弱，如短截先端长枝后，对其着生母枝下部又疏除壮枝，短截的局部刺激作用会受到削弱；将枝拉平后又在其上端疏除大枝，由于伤口对其下枝生长有促进作用，使拉枝的缓势作用受到削弱。因此，在任何条件下，是不可能只采用单纯一种方法修剪，必须有其它修剪方法的巧妙配合，才能使积极作用得到最大程度的发挥，消极作用得到适当的克服。

夏季修剪必须和冬季修剪密切配合，相互增益，才能发挥良好效果。特别是幼树和密植果园，夏季修剪已成为综合配套技术的重要组成部分，有些作用不是冬季修剪所能代替的。夏剪能克服冬剪的某些消极作用，冬剪局部刺激作用较强，通过抹芽、摘心、扭梢、拿枝、环剥或环切等夏剪方法，可缓和其刺激作用。夏剪是在果树生命旺盛活动期间进行的，能在冬剪基础上，迅速增加分枝、加速整形和枝组培养，尤其在促进花芽形成、提高坐果率和果实品质方面的作用比冬剪更有效。夏剪及时合理，还可使冬剪简化，并显著减轻冬季修剪量。从简化修剪考虑，冬剪方法的改革也有利夏剪的简化，如前面介绍的桃树长枝修剪和苹果上以疏、放、缩为主的修剪方法。

随着植物生长调节剂研究的发展，应用其对果树的生长和结果进行调控，其作用有时是难以通过修剪达到的。因此，修剪技术的综合运用也应考虑植物生长调节剂的特殊作用。

9.3 树体反应是检验修剪是否正确的客观标准

不论单一的修剪方法，还是不同修剪方法的配合应用，因受树种、品种、树龄、立地条件和其它栽培措施等诸多因素的影响，其反应不完全相同。一种修剪方法在此地此时应用合适，彼地彼时就不一定合适；在这个树种或品种上好，而在另一个树种或品种上就不一定好，这是制定和掌握修剪技术的难点之一。解决此问题的最好方法是“拜树为师”，具体树的生长结果特性是此时此地制定修剪技术的依据，而树体的具体修剪反应则是此时此地衡量修剪技术是否正确的客观标准。因为多年生果树本身是一个客观的“自身纪录器”，能将各种修剪方法及其反应较长期的保留在树体上，这是树体自身特性和当地各种因素综合作用的结果。所以，调查和观察树体历年、尤其是近些年的修剪反应，可明确判断以前修剪方法是否正确。基本正确的，可参照继续执行；基本不正确的，要进行全面修改；部分正确的保留，部分不正确的，应予修正；并随时间和条件变化进行不断的调整，使修剪技术逐步趋于合理。只有如此，才能真正做到因时因地因树制定修剪技术，发挥修剪应有的效果。

9.4 修剪必须与其它农业技术措施相结合

修剪是果树综合管理中的重要技术措施之一，但只有在良好的综合管理基础上，修剪才能充分发挥作用。优种优砧是根本，良好的土、肥、水管理是基础，防治病虫害是保证，离开这些措施，单靠修剪是生产不出优质高产的果品的。果树生产中片面夸大整形修剪的作用是错误的；反之，认为只要其它农业技术措施搞好，果树就不用修剪，也是不全面的，其它农业技术措施也代替不了修剪的特殊作用和效果。所以，修剪与其它农业技术的配合是非常重要的。

9.4.1 修剪和土、肥、水管理 冬季修剪虽然与增施肥水有相似的作用，能促进局部水分和氮素营养的增加，对营养生长有明显的刺激作用，合理的夏季修剪也有利营养向花器官和果实中转移，从而提高坐果率和果实品质。所以，一个从未修剪或修剪很粗放的果园，进行合理修剪后，产量和品质会有明显提高，但如不相应地加强土、肥、水管理，有利作用会减弱甚至消失。因为修剪主要是对树体内营养分配起到调节作用，并未在总体上增加树的营养水平。土壤改良、施肥和灌水则能在总体上提高树体的营养水平，是果园优质高产的物质基础，是修剪不能替代的。当前我国土壤有机质含量偏低，不易做到科学施肥，一般偏施氮肥多，容易使树生长偏旺，不利花芽形成和优质果实的生产，同时也给修剪工作增加了难度。而在科学施肥、灌水的基础上，修剪却能发挥积极的调节作用，合理利用养分，提高产量和品质。

修剪应与土壤肥力和肥水水平相适应。土壤肥沃肥水充足的果园，冬季修剪宜轻不宜重，注意夏季修剪，适当多留花芽多结果；土壤瘠薄肥水较差的果园，特别是无灌溉条件的山地果园，修剪宜重些，适当短截少留花芽，也能获得优质果实和适当的产量。正如简化修剪一章所述，土壤施肥充足合理，修剪能粗一点，有利简化修剪。土壤肥力和施肥水平有限时，应细致修剪，充分发挥其调节作用；另一方面，要取得修剪好的综合效果，也必须有相应的肥水管理相配合。如树上采用促花修剪技术，在花芽分化前应适当控制灌水和追施氮肥，及时补充磷、钾肥，否则也难以获得好的促花效果。

9.4.2　修剪与病虫害防治　剪去病虫危害的枝梢和花果，有直接防治病虫害的作用。整形修剪建成一个通风透光的树体结构，不仅树体健壮能提高对病虫害的抵抗力，而且有利提高喷药质量和效率，增强病虫害防治效果，这是修剪重要任务之一。不修剪或修剪不当的树，树冠高大郁蔽，喷药很难周到均匀，不利病虫害防治。如果病虫危害严重，使树体缺枝少叶，生长衰弱，也势必给整形修剪造成严重的困难。

9.4.3 修剪与花果管理　修剪和花果管理都直接对产量和质量起调节作用。修剪一般起“粗调”作用，花果管理则起“细调”作用，两者配合共同调节，才能获得优质、高产和稳产的效果。在花芽较少的年份，冬剪尽量多留花芽，夏剪促进坐果，如再配合花期人工授粉、喷施植物生长调节剂或硼等营养元素，更有利促进坐果。在花芽多的年份，修剪虽然可剪去部分花芽，但由于种种原因，花芽仍然保留偏多，尤其采用简化修剪，花芽会更多些，因此，必须严格疏花、疏果。花果管理与修剪调节相互配合，在解决大小年问题和促进果树优质丰产方面是相辅相成的。

另一方面，疏花、疏果时也要考虑修剪要求。桃长枝修剪留花芽量大，不仅要严格疏花、疏果，而且要注意多留枝的中上部果实，少留、不留下部果实，以利压弯枝梢有利基部发出好的更新枝。在确保适宜果实数量的前提下，一般将预备枝上花果疏除，以利于更新。利用花果数量差异是调节树体各部分平衡的重要手段之一，壮枝适当多留花果，弱枝要少留甚至不留花果，以缩小两者长势差异，这些都给修剪创造了良好条件。所以疏花、疏果时也要考虑修剪的需要。